中国航天技术进展丛书

吴燕生　总主编

国家出版基金项目
NATIONAL PUBLICATION FOUNDATION

航天器连接分离装置技术

杨建中　王文龙　著

中国宇航出版社

·北京·

图书在版编目(CIP)数据

航天器连接分离装置技术 / 杨建中，王文龙著. --
北京：中国宇航出版社，2019.5

ISBN 978 - 7 - 5159 - 1640 - 8

Ⅰ. ①航… Ⅱ. ①杨… ②王… Ⅲ. ①航天器—分离
连接器 Ⅳ. ①V44

中国版本图书馆 CIP 数据核字(2019)第 107553 号

责任编辑　彭晨光　　　　**封面设计**　宇星文化

出　版 发　行	**中国宇航出版社**
社　址	北京市阜成路 8 号　邮　编　100830
	(010)60286808　　　(010)68768548
网　址	www.caphbook.com
经　销	新华书店
发行部	(010)60286888　　　(010)68371900
	(010)60286887　　　(010)60286804(传真)
零售店	读者服务部　　　　(010)68371105
承　印	天津画中画印刷有限公司

版　次	2019 年 5 月第 1 版
	2019 年 5 月第 1 次印刷
规　格	787×1092
开　本	1/16
印　张	12　彩　插　4 页
字　数	292 千字
书　号	ISBN 978 - 7 - 5159 - 1640 - 8
定　价	88.00 元

本书如有印装质量问题，可与发行部联系调换

总　序

中国航天事业创建 60 年来，走出了一条具有中国特色的发展之路，实现了空间技术、空间应用和空间科学三大领域的快速发展，取得了"两弹一星"、载人航天、月球探测、北斗导航、高分辨率对地观测等辉煌成就。航天科技工业作为我国科技创新的代表，是我国综合实力特别是高科技发展实力的集中体现，在我国经济建设和社会发展中发挥着重要作用。

作为我国航天科技工业发展的主导力量，中国航天科技集团公司不仅在航天工程研制方面取得了辉煌成就，也在航天技术研究方面取得了巨大进展，对推进我国由航天大国向航天强国迈进起到了积极作用。在中国航天事业创建 60 周年之际，为了全面展示航天技术研究成果，系统梳理航天技术发展脉络，迎接新形势下在理论、技术和工程方面的严峻挑战，中国航天科技集团公司组织技术专家，编写了《中国航天技术进展丛书》。

这套丛书是完整概括中国航天技术进展、具有自主知识产权的精品书系，全面覆盖中国航天科技工业体系所涉及的主体专业，包括总体技术、推进技术、导航制导与控制技术、计算机技术、电子与通信技术、遥感技术、材料与制造技术、环境工程、测试技术、空气动力学、航天医学以及其他航天技术。丛书具有以下作用：总结航天技术成果，形成具有系统性、创新性、前瞻性的航天技术文献体系；优化航天技术架构，强化航天学科融合，促进航天学术交流；引领航天技术发展，为航天型号工程提供技术支撑。

雄关漫道真如铁，而今迈步从头越。"十三五"期间，中国航天事业迎来了更多的发展机遇。这套切合航天工程需求、覆盖关键技术领域的丛书，是中国航天人对航天技术发展脉络的总结提炼，对学科前沿发展趋势的探索思考，体现了中国航天人不忘初心、不断前行的执着追求。期望广大航天科技人员积极参与丛书编写、切实推进丛书应用，使之在中国航天事业发展中发挥应有的作用。

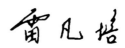

2016 年 12 月

序

　　航天器连接分离技术是实施航天器部件压紧与在轨释放、舱段之间连接与在轨分离以及不同航天器之间在轨连接与分离的关键技术。该技术研究涉及机械工程、力学、材料、自动控制等多个学科，以及空间机构、空间结构、空间润滑、爆炸冲击与防护、运动与动力学仿真等多项技术，是一项典型的多学科、多技术交叉融合的研究，具有较大的技术难度和挑战性。从我国第一颗人造地球卫星——东方红一号鞭状天线的压紧与在轨释放，到神舟号系列飞船的舱段连接与在轨分离，再到嫦娥三号及嫦娥四号巡视器与着陆器的连接与月面解锁，航天器连接分离技术取得了重大突破，同时在地面试验过程中也暴露出不少问题。我国航天器在轨服务活动、深空探测活动的日益活跃以及载人登月技术研究工作的逐步开展，对航天器连接分离技术提出了更高的要求。

　　如何在总结已有研究成果的基础上，从连接分离系统的角度出发，开展连接分离技术研究，减少工程研制过程中的问题，促进该技术的快速发展，满足未来新型航天器飞行任务的需要，是摆在航天器研制者面前的重大问题。正是在这一需求的牵引下，作者编著了此书。该书在概述航天器连接分离技术及其应用发展的基础上，介绍了航天器连接分离装置的类别和性能特点，提出了连接分离系统方案设计的基本方法，全面介绍了连接分离装置设计、分析、制造、试验与评估等的基本研究内容、研究方法及注意事项。该书是作者在吸收前人研究成果的基础上，结合其团队在该技术领域 20 余年的研究成果撰写而成的，是工程研制实践经验的结晶，是一部全面、系统、深入地介绍航天器连接分离装置技术的专著。该书既具有一定的理论深度，又具有专业前瞻性和具体工程实用性，是一部值得肯定和阅读的专著。该书的面世将对我国未来深空探测技术、载人航天技术以及在轨服务技术等重大工程的发展及相关专业人才的培养起到有力的支撑和促进作用。

　　我国航天事业的发展，离不开各相关专业技术的支撑。在充分总结已有工程实践经验及研究成果的基础上，编著类似具有系统性、前瞻性、基础性和实用性的航天专业著作，对我国航天人才的培养及航天技术的发展具有重大的促进作用。希望越来越多的航天一线科研人员，能够在工程实践中发现问题、解决问题，并通过总结凝练，撰写成相应的专著，从而为更多的人了解航天、认识航天提供更多的途径，为我国航天从跟随向领跑世界发展方向的转变提供重要支撑，为把我国建设成为创新型国家作出更大贡献。

中国工程院院士

中国载人航天工程总设计师

前　言

由于运载火箭包络空间的限制，在航天器发射时，其上的许多部件会处于收拢、压紧状态，如太阳翼、可展天线等。航天器进入预定轨道后，根据相应的指令要求，这些压紧的部件得以释放并展开锁定，以便在轨获得较大的面积、得到希望的形状或进一步实现相应的运动。另外，在航天器在轨飞行、返回地面或在飞向地外天体的过程中，要不断地分离掉已经完成任务的部件或舱体，以便更高效地执行飞行任务。再者，为实现航天器推进剂的在轨补给、航天员的在轨轮换或者大型航天器的在轨组建，需要不同航天器间的在轨对接或分离。这一系列任务的实施促使了航天器连接分离技术的诞生及快速发展。

航天器连接分离装置是航天器连接分离技术的核心，是实现航天器连接分离的执行部件，也是一类典型的航天器机构。航天器连接分离装置技术是随着卫星技术的发展逐渐发展起来的，在载人航天及深空探测技术的带动下，得到了迅速发展。随着我国新型深空探测器的研制、空间站的全面建设以及在轨服务技术的发展，航天器连接分离装置技术将得到进一步发展。该技术的成败决定了卫星太阳翼、可展天线等重要部件能否在轨顺利展开，决定了航天员所乘坐的返回舱能否从太空安全返回地面以及由多舱组成的深空探测器能否顺利完成探测任务，因此，航天器连接分离装置技术是航天器技术顺利发展的重要支撑。

本书概述了航天器连接分离技术的诞生、应用及其主要研究内容，介绍了航天器连接分离装置的类别、特点，指出了目前该技术所存在的主要问题，重点论述了连接分离系统方案设计的准则、应考虑的基本问题及其设计过程，火工装置及非火工装置的结构组成、工作原理及设计方法，并根据未来的发展需要，介绍了复合型连接分离装置的结构组成、工作原理及设计方法等，同时给出了多种典型连接分离装置的设计实例。

本书共分为5章，第1章至第4章由杨建中编写，第5章由王文龙编写。

第1章概述航天器连接分离技术的诞生、应用及连接分离装置的主要类别、特点、组成及研制流程，介绍连接分离装置技术的研究内容、目前存在的问题及发展趋势等。

第2章介绍连接分离系统方案设计的准则、应考虑的主要问题、系统方案设计及实施流程、地面验证方法等，最后给出了连接分离系统方案设计实例。

第3章介绍火工装置类别、功能特点、结构组成、工作原理及其应用方式，进一步介绍了火工装置设计、制造基本流程，试验验证项目以及基于功能参数的可靠性评估方法等，最后给出了火工装置设计实例。

第4章介绍非火工装置类别、功能特点、结构组成、工作原理及其应用方式，给出了一种典型非火工装置——弹簧分离装置的设计实例。

第5章根据未来在轨服务技术等的发展需要，介绍了几种典型复合型连接分离装置的功能特点、结构组成、工作原理及其应用方式，给出了一种复合型连接分离装置设计实例。

载人航天工程总设计师周建平院士在百忙之中为本书作序，并给出了较高评价。中国空间技术研究院总体部娄汉文研究员、丁锋研究员和哈尔滨工业大学刘荣强教授共同审阅了本书，并提出了许多宝贵意见。作者对上述4位专家为本书的出版所付出的辛勤劳动表示衷心的感谢！

中国空间技术研究院李新立、罗毅欣、刘海平、朱汪、商红军、傅子敬、叶耀坤、祁玉峰等多位高级工程师以及满剑锋研究员为本书的编著提供了十分宝贵的资料。本书的出版还得到了中国航天科技集团有限公司科技委副主任、高分四号卫星工程总设计师于登云研究员的大力支持，在此一并表示衷心的感谢！

本书是作者在吸收前人研究成果的基础上，结合研究团队在连接分离装置技术领域20余年的研究成果撰写而成的。本书还凝聚了已经退休的娄汉文研究员、史谨文和马锐明高级工程师等老一代航天机构专家以及奋战在研制一线的丁锋、祁玉峰、满剑锋、李新立、罗毅欣、李委托、吴琼、王波、孙国鹏、叶耀坤、刘卫、庄原等团队成员的智慧，是作者整个团队长期、持续创新研究的成果积累和结晶。本书的出版离不开全体团队成员的辛勤工作，离不开协作单位的密切配合与支持，在此谨向对本书研究成果作出贡献的每一位成员致以诚挚的谢意！

本书力求使读者全面、系统地了解连接分离装置技术的研究现状、研究内容及其发展方向等，并首次提出了连接分离系统方案设计的基本方法，使读者能从顶层理解连接分离系统设计的要点，把握连接分离装置技术研究的关键，并掌握连接分离装置设计、分析与试验的基本流程，为未来新型航天器及相应连接分离装置的研究与工程研制提供指导。

本书适合从事航天器连接分离技术及地面应急解锁分离技术研究的工程技术人员、学者及相关专业的研究生参考。

由于作者的知识和水平有限，书中难免存在不当之处，敬请读者批评指正。

杨建中

2018 年 12 月于北京航天城

目　录

第1章　绪　论

1.1　航天器连接分离技术的诞生与发展

由于运载火箭的包络限制，在航天器发射时，其上的许多部件都要处于收拢、压紧状态，如太阳翼、可展天线等。当航天器进入预定轨道后，根据相应的指令要求，再释放这些部件，以便其展开锁定，进而在轨获得较大的面积、得到希望的形状或进一步执行相应的运动。另外，在航天器在轨飞行或返回地面的过程中，要不断地分离掉已经完成任务的舱体或弹抛掉相应的部件，以便更高效地完成飞行任务。再者，为实现航天器间的推进剂的在轨补给、航天员的在轨轮换或者大型航天器的在轨组建，需要不同航天器间的在轨对接或分离。这一系列任务的实施促使了航天器连接分离技术的诞生，并促进了该技术的快速发展。

由此可以看出，与常见的地面目标间的连接分离技术不同，航天器连接分离技术是在地面通过人工参与实现相应连接，在轨自动解锁、分离的一项技术，或者是连接、解锁与分离全部在轨自动完成的一项技术，是实现两个航天器之间或同一航天器不同舱段之间连接、解锁与分离，或某一航天器主结构与其他部件之间压紧、释放与弹抛等功能的关键技术。该技术得以实施的关键实物载体，即为连接分离装置或压紧释放装置。为陈述方便，常把连接、解锁与分离的对象统称为目标体。连接是指将两个或多个目标体依次相连，从而使其成为一个整体的过程，进而在发射过程中使其更好地承受相应的载荷，或在空间飞行过程中使其具备相同的飞行轨道、飞行速度及飞行姿态等，以便于航天器的在轨控制或相应飞行任务的执行。解锁是指按飞行任务的要求在轨自动解除上述连接的过程。分离是指解锁后的两个目标体在分离力的作用下，以一定的相对速度或姿态自动分开，成为相互独立飞行体的过程。

航天器连接、解锁与分离的根本目的是满足发射及在轨飞行任务的需要。处于连接状态的目标体，除了要满足相应的连接强度、刚度或密封性能要求外，有时还要保持目标体之间电路、气路、液路的连通。在目标体分离过程中把电路、气路、液路的连接切断。这里连接、解锁与分离的意义与压紧、释放与弹抛的意义完全一致[1]，与这两组概念对应的连接分离装置与压紧释放装置的功能也完全相同。在航天器研制工程实践中，常用前者表达两个航天器或同一航天器不同舱段之间的连接分离，用后者表达航天器与其部件之间的连接分离。为了陈述方便，本书多采用连接、解锁与分离这一组概念来表达航天器的连接关系。

为了实现航天器的有关连接与分离，理论上可以采用以下两种基本方法：

1）将一个完整的目标体一分为二。即在一个完整的目标体上，设置相应的爆炸切割装置，在爆炸切割装置工作前，目标体作为一个整体在空间飞行。爆炸切割装置按指令要求工作后，将完整的目标体切割为两部分，从而实现预期的分离。

2）先把两个独立的目标体合二为一，再一分为二。即通过连接分离装置及相应的对接面把两个独立的目标体连为一体，在连接分离装置解锁前，两个目标体作为一个整体在空间飞行。连接分离装置按指令要求作动后，两个目标体解锁、分离，成为彼此独立的两部分。

虽然上述两种方法都可以实现连接、分离的基本目标，但是在第一种方法的分离过程中，往往伴随极大的冲击、大量的多余物及相应的严重污染，这是航天器上许多有效载荷无法承受的，因此一般不采用第一种方法实现航天器的连接分离，而多采用第二种方法。本书围绕第二种方法开展相应的研究工作，并对其进行介绍。

从我国第一颗卫星东方红一号鞭状天线的压紧与在轨释放，到许多卫星太阳翼的压紧与在轨释放[2]、神舟号载人飞船三个舱段之间的连接与分离[3-4]，再到嫦娥三号月球探测器的着陆器与玉兔号巡视器的连接与分离[5]以及巡视器上机械臂的压紧与释放[5]、嫦娥五号月球探测器四个舱段之间的连接与分离[6]以及我国火星探测器多舱段之间的连接与分离[7]等，几乎每一个航天器的研制都离不开连接分离技术的支撑，连接分离技术的可靠与否直接关系到航天器飞行任务的成败。

1.2　航天器连接分离技术的应用

从上文可以看出，航天器连接分离技术常用于大型有效载荷在发射段的压紧以及入轨后的解锁、飞船及深空探测器舱段之间的连接与分离、航天器特定部件的连接与弹抛等。该技术应用的基本目的包括：

1）大型或关键有效载荷压紧及释放。压紧具有收拢功能的大型有效载荷，使其在满足运载包络的同时，提高其对发射段力学环境的适应能力。航天器入轨后相应的连接解锁装置工作，为大型有效载荷在轨获得期望的长度、面积、体积、形状创造条件，或为关键有效载荷的运动实施创造条件。

2）航天器舱段之间的连接与分离。使航天器不同部分相互连接与分离，以便不同部分执行不同的任务；或分离掉航天器上已完成任务的部分，以便航天器在地外天体表面的起飞或返回地面过程中的变轨等飞行任务的实施。

3）航天器上特定部件的连接与弹抛。将航天器上特定部件与航天器连为一体，并在适当的时刻将其弹抛掉，以便在分离掉多余质量的同时，为发动机的工作、天线的伸展、降落伞的打开等创造条件。

4）两个航天器的在轨连接与分离。将两个在轨飞行的航天器连接为一体，对相应航天器进行在轨推进剂等物资补给、功能维护或航天员的轮换等，而后再使二者分离。

这些应用的成功与否往往直接影响航天器整个飞行任务的成败。

1.2.1　大型或关键有效载荷发射段的压紧及入轨后的释放

随着卫星技术的发展，卫星主结构的质量在卫星总质量中所占的比例越来越小，有效载荷的质量在卫星总质量中所占的比例越来越大，因此卫星所能携带的有效载荷越来越多，卫星的功能越来越强大，性能指标越来越高。与此同时，许多有效载荷与设备本身也呈现出质量小、尺寸大、刚度低的特点。如大口径网状天线[8]、大面积天基雷达[9]、机械臂以及大面积太阳翼[10]等。在当前运载包络空间的限制下，为了使携带这些有效载荷的卫星顺利发射升空，在发射段必须将这些有效载荷收拢，并通过连接分离装置将其压紧在卫星结构本体上，以显著降低卫星对运载包络空间的要求，并提高有效载荷对发射段力学环境的适应能力，避免由于发射段振动、冲击等作用而导致上述有效载荷损伤。卫星入轨后，连接分离装置解锁，在其他机构组件如展开机构组件的作用下，上述有效载荷展开，为在轨工作做好准备。发射段压紧以及入轨后的解锁性能是否可靠，直接关系到有效载荷能否正常工作，因此，连接分离技术对这些质量小、尺寸大、刚度低的有效载荷的应用与发展是至关重要的。图 1-1 为我国 DFH-5 卫星太阳翼及天线的收拢与展开状态对比示意图。

 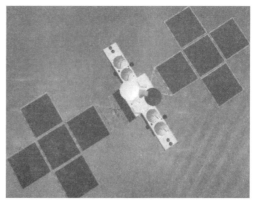

(a) 发射时的收拢状态　　　　　　　　(b) 入轨后的展开状态

图 1-1　DFH-5 卫星太阳翼及天线的收拢与展开状态（见彩插）

1.2.2　飞船与空间站的对接及其舱段之间的连接分离

为了满足航天员在天地之间的往返需要，到目前为止，载人飞船常采用多舱段的构型。例如我国的神舟号载人飞船，采用三舱串联的连接方式[11]，在飞船发射过程中，轨道舱、返回舱和推进舱通过相应的连接解锁装置连接为一体，飞船入轨后通过轨道舱前端的对接机构实现与空间站的对接，而后打开位于对接机构中心位置的舱门，实现飞船与空间站之间的人员交替与设备更换。

任务完成后，飞船通过对接机构与空间站解锁分离，而后轨道舱与返回舱-推进舱的组合体解锁分离，再后返回舱与推进舱解锁分离，最后航天员乘坐返回舱返回地面。神舟号载人飞船舱段之间的可靠连接与分离直接关系到航天员能否安全返回地面，关系到载人飞船整个飞行计划的成败。神舟号载人飞船三个舱段之间的连接状态示意图如图 1-2 所示，分离状态示意图如图 1-3 所示。

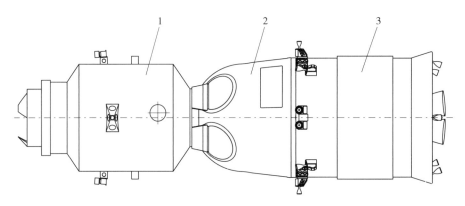

图 1-2　神舟号载人飞船三个舱段之间连接状态示意图

1—轨道舱；2—返回舱；3—推进舱

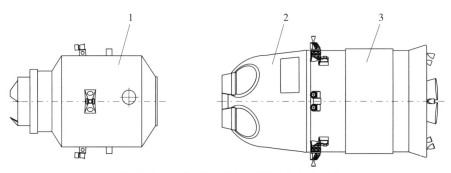

(a) 轨道舱与返回舱–推进舱组合体分离状态示意图

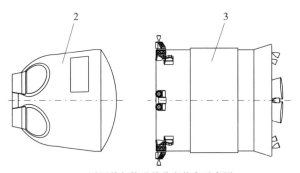

(b) 返回舱与推进舱分离状态示意图

图 1-3　神舟号载人飞船三个舱段之间分离状态示意图

1—轨道舱；2—返回舱；3—推进舱

在神舟号载人飞船返回舱返回地面的过程中，当其下降到一定高度时，要弹抛掉降落伞伞舱盖，以便将降落伞打开，使返回舱的降落速度由每秒数千米逐渐减小到每秒十米左右，为航天员的安全着陆创造条件。伞舱盖与返回舱之间的连接分离状态示意图如图 1-4 所示。两个伞舱盖中，一个为主伞舱盖，另一个为备份伞舱盖。只有当主降落伞打开过程出现异常时，备份伞舱盖才分离，以便打开备份降落伞。

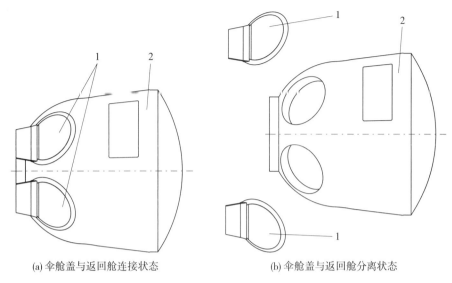

(a) 伞舱盖与返回舱连接状态　　　　　　　(b) 伞舱盖与返回舱分离状态

图 1-4　伞舱盖与返回舱之间的连接分离状态示意图

1—伞舱盖；2—返回舱

　　当神舟号载人飞船返回舱距离地面高度为 5 km 左右时，还要将位于返回舱底部的防热结构层（俗称防热球底）弹抛掉，以便在返回舱着陆前的瞬时启动缓冲发动机，通过该发动机的反推减速作用使返回舱的着陆速度进一步减小，确保航天员安全着陆。神舟号载人飞船返回舱弹抛防热球底的示意图如图 1-5 所示。

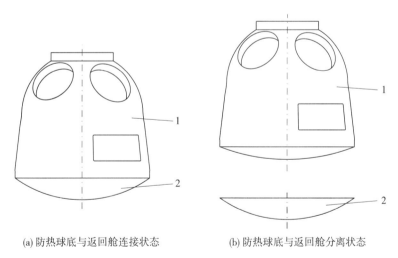

(a) 防热球底与返回舱连接状态　　　　　　(b) 防热球底与返回舱分离状态

图 1-5　防热球底与返回舱之间的连接分离示意图

1—返回舱；2—防热球底

　　易知，上述神舟号载人飞船连接分离技术的可靠与否直接关系到航天员能否从太空顺利返回，并在地面安全着陆。神舟号载人飞船舱段之间的连接分离面及相应的连接分离装置如图 1-6 所示[3]。由图 1-6 可知，飞船上有 4 个关键的连接分离面，分别是轨道舱与返回舱之间的连接分离面、返回舱金属结构与防热球底之间的连接分离面、返回舱与推进舱轴向之间的连接分离面以及返回舱与推进舱侧向之间的连接分离面。在轨道舱与返回舱之间的连接分离面上，安装有火工锁Ⅰ和火工推杆两种连接分离装置，另外还有密封圈、电路连接器、液路连接器、气路连接器等。在返回舱金属结构与防热球底之间的连接分离面上，安装有定位销和大底弹抛锁（简称弹抛锁），由弹抛锁实现返回舱金属结构与防热球底的连接、解锁和分离。在返回舱与推进舱轴向之间的连接分离面上，安装有火工锁Ⅱ、弹簧分离装置Ⅰ、弹簧分离装置Ⅱ三种连接分离装置。在返回舱与推进舱侧向之间的连接分离面上安装有火工锁Ⅲ、弹簧分离装置Ⅲ两种连接分离装置，另外还有电路连接器、液路连接器、气路连接器等。上述 4 个连接分离面的可靠连接与分离，是神舟号载人飞船飞行任务成功的关键。到目前为止，神舟号载人飞船是我国应用连接分离技术最为突出的航天器。

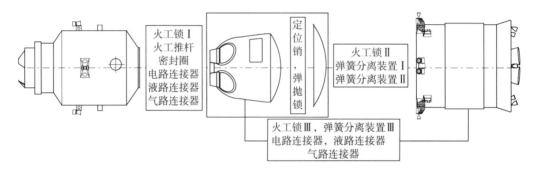

图 1-6　神舟号载人飞船主要连接分离面及其相应装置

1.2.3　深空探测器舱段之间的连接与分离

　　嫦娥三号月球探测器是我国第一个在月面成功实现软着陆的探测器，它包括嫦娥三号着陆器和玉兔号巡视器两大部分，这两部分之间也采用了连接分离技术，如图 1-7 所示。在探测器发射及飞往月面的过程中，嫦娥三号着陆器和玉兔号巡视器可靠地连接在一起，如图 1-7 （a）所示。嫦娥三号探测器依靠着陆缓冲机构在月面稳定着陆后[12]，着陆器上的转移机构与着陆器结构之间的连接解锁，转移机构展开，着陆器与巡视器之间的连接也解锁，而后巡视器自主行走到转移机构上，如图 1-7 （b）所示。最后通过转移机构将巡视器送达月面，以便其进行相应的探测活动，如图 1-7 （c）所示。另外，嫦娥三号探测器的天线驱动机构、着陆缓冲机构，玉兔号巡视器上的机械臂等同样采用了连接分离技术[13-14]。这些连接分离技术的成功与否，均关系着嫦娥三号探测器整个飞行任务的成败。

　　嫦娥五号月球探测器将是我国第一个实现月面采样并返回地面的探测器，它的基本组成如图 1-8 所示，包括着陆器、上升器、轨道器及返回舱[15]。发射时，这四部分连接在一起作为一个整体入轨，到达月球轨道后，轨道器组合体（包括轨道器和返回舱）与着陆器组合体（包括着陆器和上升器）解锁分离，轨道器组合体绕月球飞行，进行相应的环月探测活动，着陆器组合体则在月面着陆，完成样品采集等探测任务。月面采集等探测任务

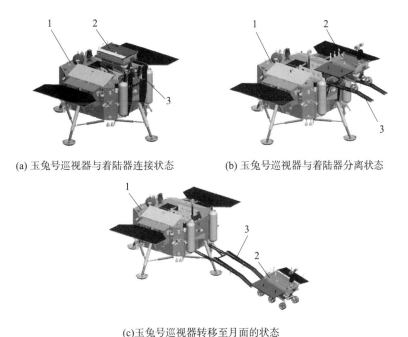

(a) 玉兔号巡视器与着陆器连接状态　　　(b) 玉兔号巡视器与着陆器分离状态

(c)玉兔号巡视器转移至月面的状态

图 1-7　嫦娥三号着陆器与玉兔号巡视器的连接分离状态示意图（见彩插）

1—着陆器；2—玉兔号巡视器；3—转移机构

完成后，上升器与着陆器分离，并携带相应的样品从月面起飞。上升器进入环月轨道后，与轨道器组合体对接，将样品转移到返回舱中，而后上升器与轨道器组合体分离。后者飞往地球，再入大气层前，返回舱与轨道器分离，并返回地面。在距离地面一定高度时，同样要弹抛伞舱盖，打开降落伞，实现返回舱的减速，以保证返回舱在地面安全着陆。嫦娥五号舱段之间的可靠连接与分离，也直接关系到嫦娥五号飞行任务的成败。

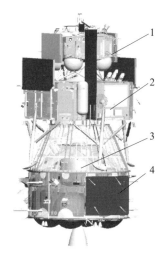

图 1-8　嫦娥五号月球探测器基本组成示意图（见彩插）

1—上升器；2—着陆器；3—返回舱；4—轨道器

　　我国正在研制的火星探测器[16]由轨道器和着巡组合体组成,如图 1-9 所示。着巡组合体又包括着陆器和巡视器两部分,如图 1-10 所示,其中着陆缓冲机构、坡道是着陆器的重要组成部分。图 1-9 所示的两部分之间以及图 1-10 所示的着陆器与巡视器之间、坡道与着陆器主结构之间同样采用了连接分离技术。火星探测器进入火星轨道后,按指令要求实现轨道器和着巡组合体解锁、分离,轨道器继续绕火星飞行,对火星进行环绕探测,而着巡组合体则进入火星下降轨道,并通过伞舱盖、防热球底等的成功弹抛,进一步打开降落伞、展开着陆缓冲机构,在降落伞及反推发动机的作用下,着巡组合体的下降速度迅速减小,最终通过着陆缓冲机构在火星表面实现软着陆。着陆后着陆器上的坡道解锁展开,巡视器与着陆器之间的连接也解锁,巡视器沿坡道自主行走至火星表面,进行相应的巡视探测活动。

图 1-9　我国火星探测器主要组成示意图（见彩插）

1—着巡组合体；2—轨道器

图 1-10　着陆器和巡视器的连接解锁（见彩插）

1—着陆器；2—巡视器；3—着陆缓冲机构；4—坡道

　　综上所述,随着卫星技术、载人航天技术以及月球、深空探测技术的发展,连接分离技术的应用越来越广泛,且该技术始终是影响上述航天器飞行任务成败的关键。因此,了解、掌握航天器连接分离技术,确保连接分离装置的可靠性,对于保证航天器飞行任务的圆满成功以及航天器技术的顺利发展是至关重要的。

1.3 连接分离技术研究的主要内容

该技术研究的主要内容包括连接分离系统设计，静力学与动力学分析，结构设计，连接分离装置设计，材料选取与应用，火工技术，密封设计，信息获取与处理，驱动与控制，地面试验技术以及可靠性设计、验证及评估等。该研究一般由航天器系统中的结构与机构分系统负责，有时也设置专门的连接分离分系统来负责相应的研究工作。

连接分离系统设计 除小型部件与航天器的连接设计外，连接分离的设计常常是航天器总体设计的重要组成部分，具有很强的系统性，因此需要从系统的角度出发开展相应的设计工作。在连接分离系统设计时要充分考虑连接分离面的特点，例如，连接时的动载荷范围，连接分离面是否具有密封要求，其上所需布置的接插件类别及拔脱力大小，在轨飞行过程中的温度变化范围以及由此可能带来的结构热变形等，同时要考虑两个目标体的质量特性、分离后的速度及姿态等运动参数要求，还要考虑连接、分离点的布置以及不同连接分离方案所需付出的质量、能耗、体积等代价和功能可靠性预计结果等。将这些认识及基本方案设想与总体设计师进行协商，共同确定最优的系统方案。

静力学及动力学分析 综合分析相互连接的两个目标体之间可能的载荷情况，包括发射段的载荷、在轨飞行阶段的载荷，例如，发射段过载，在轨热变形及密封舱内、外压力差导致的载荷，在地外天体表面着陆时的冲击载荷等。确定最大载荷，并结合两个目标体之间的密封和连接刚度等要求，确定连接时的预紧载荷，进而确定连接分离装置的承载要求。静力学及动力学分析是航天器连接分离技术实施的基础。

结构设计 这里的结构设计主要是指形成连接面的两个对接框的结构设计。根据两个目标体连接后的刚度、密封要求，解锁、分离时的冲击限制要求，连接面上的载荷特点，连接时的相互定位要求，连接面上所需安装的相关装置及其特点等，开展相应的结构设计工作。包括对接框的密封、定位设计，对接框的强度和刚度设计，剪切承载设计，连接分离点的布置及相关装置的安装接口设计，连接点至敏感有效载荷之间的冲击传递路径设计及对应的冲击抑制结构设计等。结构的合理设计对于保证连接的强度与刚度，连接、解锁与分离的可靠性，以及控制解锁、分离冲击对其他有效载荷的影响至关重要。

连接分离装置设计 根据连接、解锁与分离的基本要求，结合在目标体连接状态下载荷的传递方式，基于相应的机构设计理论及技术基础，开展相应连接分离装置的设计工作，包括连接分离装置承载方式、解锁或分离基本原理、关键零部件的配合关系以及安装操作方式等的分析确定，保证连接分离的可靠性，进一步保证分离时目标体的相对运动参数，如姿态、速度、角速度等满足要求，并设法减小解锁、分离过程中的冲击。

材料选取与应用 在上述设计过程中，许多问题的解决都需要结合材料的选取与应用来实现，如连接的强度、刚度问题以及解锁、分离过程中的冲击控制问题等。为减小冲击的影响，常在火工装置内部设置特殊的材料，以缓冲解锁、分离时的冲击，有时还需要把相应的材料加工成特定的结构形式[17]，来抑制冲击波的传递。另外，为在有限的空间内提供所需的承载能力，常采用高强度、高韧性的合金钢来制造连接分离装置中的承载零件。

火工技术　在连接分离技术的实施过程中，常采用火工装置实现连接、解锁与分离。火工装置以火工技术为基础，即通过火药等的燃烧产生高压燃气，驱动相应组件工作，实现解锁或分离过程中所需的运动。为了防止火工装置误动作，确保其可靠解锁、分离，并减小解锁、分离过程中的冲击，需要结合火工装置预期经历的温度环境及作动时驱动力的大小，合理选择起爆器及火工药剂的类别，避免温度对药剂的性能产生影响。

密封设计　两个目标体之间有时需要密封连接，如神舟号载人飞船轨道舱与返回舱之间的连接就是密封连接。另外，在火工装置解锁、分离过程中，为保证火药燃烧做功的有效性，避免燃气泄漏以及由此导致人员健康受影响的情况发生，也需要采用密封技术。根据相应的密封要求以及密封部位的温度等环境条件，确定相应的密封方案，包括密封圈材料与密封圈形状的确定，密封槽形式、密封面粗糙度以及密封圈压缩率的确定等。

信息获取与处理　为了准确判断目标体间的连接、分离状态，需要设置相应的信号装置，获取相应的状态信号，并通过多个信号间的逻辑关系判断目标体之间的实际状态。例如，在连接分离面设置 3 个机械开关，通过开关的通断实现电路中高低电平的反转，并通过 3 个开关信号的逻辑组合，来判断连接或分离状态。

驱动与控制　对于复合型连接分离装置，常需要通过对多个电机运动的协调控制，实现相应的复杂运动，对于其他非火工装置，需要对记忆合金丝等驱动元件进行合理布置，并有效控制加热过程，以实现相应解锁。因此，驱动的可靠性及控制方法的合理性，对于复合型连接分离装置及其他非火工装置性能的保证是非常重要的。

地面试验技术　为了确保连接分离性能满足要求，需要在地面进行相应的试验，以便使连接分离性能得到全面验证。但由于发射环境及空间环境的特殊性、复杂性，在地面对这些环境进行完全模拟往往是非常困难的，因此需要根据已有的经验，结合连接分离任务及发射环境、空间环境的特点，有针对性地确定地面试验项目和试验方案，并尽可能通过简单易行的试验对连接分离技术进行验证。例如，通过吊挂或气浮的方式平衡地面重力对分离过程的影响，模拟空间自由飞行状态下的分离情况，这些试验验证工作对于保证连接分离技术的成功是十分重要的。

可靠性设计、验证及评估　由于连接分离技术往往直接影响整个航天器飞行任务的成败，因此，为保证连接分离的可靠性，一般均对相应的连接分离面提出明确的可靠度要求。为了满足这些要求，要从设计、生产、验证及评估等多方面开展系统性研究工作。包括连接与分离点布置以及连接分离装置类型选择、设计等[1]，并通过对生产过程的全面控制保证产品性能满足设计要求，通过加严试验条件，如减少装药量、增大分离阻力等，用尽可能少的试验样本，来验证解锁、分离的性能，最后根据试验结果，基于小子样可靠性理论等，对产品的可靠性进行量化评估[18]。这些工作对于连接分离技术的顺利实施是非常重要的。该研究不是一项独立的工作，例如可靠性设计往往融于连接分离系统设计及连接分离装置设计等过程之中，而可靠性验证与评估也往往与地面试验相结合，以降低成本，缩短验证周期。

　　经过数十年的发展，连接分离技术研究取得了丰硕的成果，有些连接分离装置及其设计、试验方法已经成熟。了解、掌握这些技术成果，便于设计师在新产品研发过程中，通过对成熟组件的组合或成熟设计的改进，快速确定设计方案，从而减少设计和试验中的问题，避免连接分离装置的失效，减少产品研制过程中的反复次数，提高研制效率，缩短研制周期，节约研制费用，保证航天器飞行任务的成功。

1.4　连接分离装置的类别及特点

　　航天器连接分离装置是连接分离技术的核心，是航天器连接分离实施的执行部件，是一类典型的航天器机构[1-4]，因此，了解航天器连接分离装置的类别和特点，对于正确选用连接分离装置，进而保证连接分离的可靠性是至关重要的。根据连接分离装置的组成或工作原理等的不同，可以把它分为不同类型。

　　根据连接分离装置解锁、分离时的驱动源不同，可以把它分为火工装置、非火工装置。火工装置是指以火药等燃烧产生的高压燃气作为动力，驱动连接分离装置实现解锁或分离的装置。该术语是由美国麦道公司的哈里·卢茨（Harry Lutz）在水星计划中首次提出的[19]。哈里·卢茨指出不要把这些装置称为爆炸装置，而要叫做火工装置，以消除航天员对身边爆炸装置的担心。火工装置的应用历史长、类别多、技术成熟[20-21]。另外，火工装置解锁分离时的作动快、时间短，一般在 10 ms 左右就可以完成相应的运动，因此在其作动过程中往往伴随着较大的冲击，而且在其运输、安装操作过程中需要采取相应的安全措施，确保火工装置不会误起爆。非火工装置是指不靠火药等燃烧而产生的高压燃气作为解锁或分离动力的装置。例如，通过因温度的变化使记忆合金丝收缩产生的驱动力，实现解锁或分离[22]；或通过因温度的变化使石蜡体积发生变化产生的驱动力，实现解锁或分离[23]；或者通过陶瓷刃口的温度升高，烧断相应的柔性绳索，进而实现解锁[24]；或依靠电机的驱动，实现相应解锁；或依靠弹簧力的作用，实现分离[25]。非火工装置的作动较慢，时间一般为数百毫秒或数秒，因此其工作过程中的冲击较小，且在其运输、安装操作过程中不需要采取特殊的安全措施。

　　根据连接分离装置连接时的承载特点或解锁、分离时的运动特点，可以把它分为爆炸螺栓、解锁螺母（也称为分离螺母）、拔销器、切割器、钢球锁、楔块锁、双啮合锁、组合锁、分离推杆、分离火箭、包带、热刀等[1]，这是最常用的分类方法之一。正是由于它们连接时的承载特点或解锁、分离时的运动特点不同，它们的应用场合也不一样。其中分离火箭在航天器上已很少使用。根据对连接分离装置功能要求的不同，选取不同类别的连接分离装置是连接分离方案设计的重要内容之一。这些连接分离装置的功能及结构特点将在第 3 章、第 4 章中详细介绍。

　　根据连接分离装置的功能不同，可以把它分为连接解锁装置、连接解锁与分离装置和分离装置。连接解锁装置是指该装置可以实现连接和解锁功能，但不能提供较大的分离力及分离行程，因此它必须与分离装置配合使用，才能实现完整的连接分离功能。连接解锁与分离装置有时也简称为连接分离装置，它不仅可以实现连接、解锁功能，而且可以提供较大的分离力及分离行程，因此，这类装置可以独立使用，实现完整的连接、解锁及分离功能。分离装置是指该装置不能提供连接、解锁的功能，仅能提供较大的分离力和分离行程，因此，它必须跟连接解锁装置配合使用，才能实现完整的连接、解锁和分离功能。

根据连接分离装置是否可以重复使用，可以把它分为可完全重复使用连接分离装置、可部分重复使用连接分离装置以及不可重复使用连接分离装置。可完全重复使用连接分离装置，其性能可以在地面直接得到验证，其余两种连接分离装置的性能不能在地面直接得到验证，只能通过在同批次产品中抽取一定数量的产品进行间接验证。基于记忆合金驱动的连接分离装置多为可完全重复使用的连接分离装置，热刀为可部分重复使用的连接分离装置，火工装置为不可重复使用的连接分离装置。

根据连接分离装置结构组成的复杂程度不同，可以把它分为简单连接分离装置和复合型连接分离装置。前者是指具有完整连接解锁或分离功能的最小单元，因此，其结构组成较简单。后者是指由多个具有连接解锁或分离功能的最小单元及其他功能装置组成的组合体，因此组成较复杂，且往往具有一定的冗余功能，如空间对接机构[26]、停泊机构、包带等。鉴于对接机构的研究已经自成体系[27]，本书对其不作过多介绍。

根据连接分离装置解锁分离时是否需要外部能量，可以把它分为有源连接分离装置和无源连接分离装置。火工装置以及非火工装置中的热刀等就是典型的有源连接分离装置，而弹簧驱动的分离装置就是无源连接分离装置，其工作所需的能量来自弹簧的弹性势能。与有源连接分离装置相比，无源连接分离装置组成相对简单、可靠性较高，但类别及功能相对单一。

根据连接解锁装置使用时的组合方式不同，可以把它分为整体式连接解锁装置及离散式连接解锁装置。前者将多点连接或解锁作为一个整体同时实现，其承载能力一般较大，且连接面刚度的分布也较为均匀，例如包带。后者通过在独立的、离散的几个点上布置多个连接解锁装置实现多点连接或解锁，承载能力一般较小，例如简单连接分离装置。这两种装置也分别称为线式连接解锁装置以及点式连接解锁装置。

根据航天器入轨后连接分离装置是否很快作动而实现解锁、分离，可以把它分为早期作动装置和后期作动装置。用于太阳翼压紧的连接解锁装置多为前者，而用于深空着陆探测器中巡视器与着陆器之间的连接解锁装置多为后者。由于后者要经历空间环境的长时间作用，且在此过程中往往承受较大的预紧力，所以在设计过程中要特别关注火工装置药剂性能的可能退化及关键承载部件可能的应力松弛。

根据连接分离装置在航天器上安装后至其作动前是否可以承受明显的外载，可以把它分为承载型连接分离装置和非承载型连接分离装置。除少数连接分离装置如切割器等为非承载型之外，其他连接分离装置多为承载型。对于非承载型连接分离装置，在安装、应用过程中，要确保其不承受外载，否则会影响其基本功能的实现。

1.5　连接分离装置的基本组成

1.5.1　火工装置的基本组成

火工装置的形式多样，但其基本组成相似，一般包括起爆组件（起爆器）、主装药和机械组件（也称机构组件），有时还包括传爆组件[3]。其中机械组件包括壳体和运动组件。图 1-11 所示为一种典型的火工装置——火工解锁螺母的组成及其连接状态示意图。其中，压紧弹簧、密封圈、内活塞、外活塞、螺母瓣等组成了运动组件，运动组件设计往往是火工装置设计的核心。

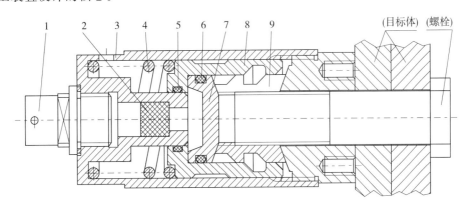

图 1-11　火工解锁螺母的组成及其连接状态示意图

1—起爆器；2—主装药；3—壳体；4—压紧弹簧；5—密封圈Ⅰ；6—密封圈Ⅱ；7—内活塞；8—外活塞；9—螺母瓣

（1）起爆组件

起爆组件一般由一个或数个起爆器组成，其主要功能是引爆火工装置中的主装药，与主装药一起产生驱动运动组件工作的燃气压力。在航天器火工装置上常见的起爆器主要是电起爆器。它依靠电阻较大的桥丝或桥带，将电能转化为热能，从而引燃其内部的火药，进而引爆火工装置中的主装药。同时，有效防止在静电、电磁辐射作用下误起爆。对于某些起爆器，在起爆后仍然可以保证相应的密封性，防止高压燃气从起爆器处泄漏，这对于载人航天器而言尤为重要，因为高压燃气中往往含有 CO 等有害气体，一旦泄漏会给航天员带来极大的伤害[1]。图 1-12 给出了一种电起爆器的组成及结构示意图[19]，它是一种焊接结构。由图 1-12 可以看出，其组成是比较复杂的，因此，开发、研制一种新的起爆器不是一件容易的事。

（2）主装药

主装药是产生动力、驱动火工装置实现解锁与分离的主要能源。通过主装药燃烧、爆炸时产生的燃气压力，驱动运动组件完成释放、分离。目前在火工装置上常用的主装药有火药和猛炸药，其中，火药包括黑火药、双钴-2、2/1 樟枪药等。常用的猛炸药为太安（PETN）。

1）黑火药。黑火药的火药力较低，要实现解锁、分离功能所需的火药量相对较多。

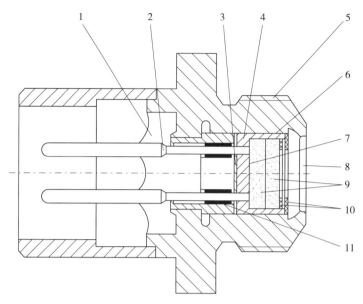

图 1-12　一种电起爆器的组成及结构示意图

1—环氧树脂；2—极针；3—隔片密封；4—电荷罩；5—壳体组件；6—环氧树脂；

7—桥带；8—封口；9—锆/高氯酸钾烟火药；10—绝缘板；11—玻璃封结

黑火药的性能稳定性差，燃烧后气体的压强散布大，内弹道重复性不好，对高低温比较敏感，且易受潮。在航天器火工装置上的应用逐渐减少。

2）双钴-2。双钴-2的火药力比黑火药高、密度大，一般情况下其初始燃面小、气体生成速度慢、达到最大压强的时间较长，因此热损失较大，对密封性能要求高，初温敏感性较强。适合解锁时间要求较长、冲击要求较小的情况，如航天员座椅缓冲器的提升。

3）2/1樟枪药。2/1樟枪药具有较高的火药力、易受潮、对高低温敏感。但其表面经过樟脑钝化处理后，防潮性能和防热敏感度有明显改善。2/1樟枪药的颗粒度均匀、性能散布较小、初始燃面大、燃速快、气体生成速度快、达到最大压强所需的时间短，因此特别适合对解锁、分离同步性要求较高的火工装置。

4）太安（PETN）。作为猛炸药的太安（PETN），具有较低的感度、较强的做功能力及不易受潮等优点，其典型的爆炸形式为爆轰，常用于爆炸螺栓。

就一般航天器火工装置而言，起爆组件自身点火所产生的燃气压力与主装药爆炸、燃烧产生的燃气压力相比，往往是不可忽略的。所以，在确定主装药药量的过程中，必须充分考虑起爆组件自身点火后产生的压力。对于小型的火工装置，有时靠起爆组件点火时产生的压力就能可靠解锁、分离，因此不需要主装药。当前起爆器已经标准化，在设计火工装置时，根据使用环境、起爆电源以及机械接口等要求，选择相应的起爆器即可。

（3）机械组件

机械组件一般包括壳体及运动组件两部分。壳体实现火工装置的支撑及火工装置与航天器结构的连接，并且是保证目标体之间连接强度和刚度的重要部件。运动组件是实现火工装置解锁、分离功能的执行部分，是火工装置的核心，也是本书讨论的重点。不同功能的火工装置，其主要区别在于运动组件的结构组成或运动方式不同。

1.5.2　非火工装置的基本组成

与火工装置的组成相比，非火工装置没有主装药和起爆组件，依靠其他的驱动组件实现解锁或分离，因此，可以简单认为非火工装置由壳体、运动组件和驱动组件组成。其中驱动组件的功能与火工装置中的起爆组件的功能相似。有些非火工装置的驱动组件同时也是运动组件。

图 1-13 为一种记忆合金丝驱动的非火工解锁螺母的组成示意图[22]。其功能特点将在第 4 章详细介绍。

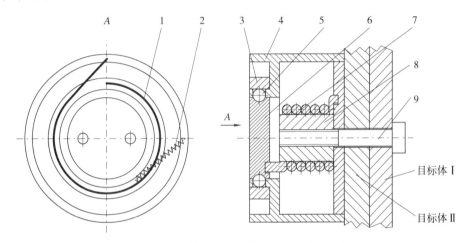

图 1-13　一种非火工解锁螺母的组成示意图

1—记忆合金丝；2—锁簧；3—锁紧环；4—壳体；5—钢球；6—支撑环；7—扭转弹簧；8—多瓣螺母；9—螺栓

1.5.3　复合型连接分离装置的基本组成

复合型连接分离装置是一种复杂的机电装置。它一般包括支座、驱动部分、传动部分、执行部分、位置补偿（连接力补偿）部分及控制部分等。根据其功能特点，有时也把某些复合型连接分离装置称为捕获机构或抓捕机构。例如轨道快车捕获机构[28]、日本 ETS-Ⅶ中的 ERA 和 ARH 捕获机构等，后者已通过在轨自主捕获验证[29-30]。图 1-14 所示为轨道快车捕获机构组成示意图[28,31]。

上述捕获机构包括安装于追踪航天器上的主动部分和目标航天器上的被捕获部分。被捕获部分的结构组成相对简单，为一个整体结构，其主要功能是为主动部分提供导向和捕获接口，其上安装有相应传感器，可对捕获成功与否进行检测。主动部分的组成相对复杂，其性能可靠与否直接影响捕获任务能否成功。捕获开始时驱动装置通过齿轮将动力传至螺杆，上位盘向上运动使 3 个锁爪逐渐收拢，待锁爪完全收拢时，下位盘推动拉盘使锁爪向下运动，锁爪抓住被动部分上的 3 个 V 型导向槽，进行姿态偏差调整。在抓捕过程中，3 个定位缓冲器可以发挥缓冲作用。在航天器的分离过程中，抓捕机构的运动过程与上述相反。

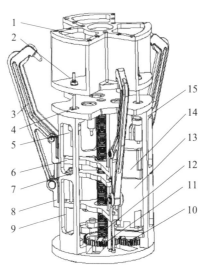

图 1-14   轨道快车捕获机构组成示意图

1—被捕获部分；2—被动定位缓冲器；3—锁爪；4—主动定位缓冲器；5—导向杆；6—上位盘；7—下位盘；
8—拉盘；9—限位杆；10—主动齿轮；11—被动齿轮；12—螺杆；13—减速装置；14—驱动装置；15—支架

1.6   连接分离装置的研制流程

与其他航天器机构的研制过程相似，连接分离装置的研制过程也包括设计、生产、验证和交付使用等基本环节。在这些环节中，设计是最为关键的环节，也是本书讨论的重点内容。

1.6.1   连接分离装置设计

连接分离装置的设计包括概念设计、初步设计和详细设计等环节。不同环节的工作重点不同，且在很多情况下不同环节之间并没有明显的界线，往往融为一个有机的整体。

概念设计   在连接分离系统设计的基础上，根据技术要求及约束条件，初步确定连接分离装置的类别，并进一步确定几个基本设计方案，分析、比较这些方案在技术成熟度、健壮性、可靠性、可实施性、经济性等方面的特点，在此基础上选定2～3个较优方案进行进一步设计和分析，其余方案暂时不予考虑。需要指出的是，随着时间的推移或技术条件的变化，这些暂时不予考虑的某个方案或许再次得到启用，另外，考虑到技术条件可能的变化，在这一阶段保证设计方案的健壮性即设计方案对技术条件变化的适应性是极其重要的，换句话说，该阶段的方案设计要留有较大的裕度。

初步设计   在概念设计的基础上，对方案进行深入设计、分析，使其达到可实施的程度。在该阶段要对某些关键组件进行详细设计与分析，并加工出物理样机，进行相应的研制试验，在试验验证及数据分析的基础上，对关键性能参数如承载能力、解锁冲击、解锁摩擦力、可靠性等进行详细比较，结合已发现的问题制定相应的应对方案，最终确定一个最优的技术方案，依据该方案开展后续的研制工作。

详细设计　这是设计的最后阶段，该阶段将完成装置的全部设计工作，其标志性成果就是详细设计报告及可用于指导加工的完整的设计图样等。在工作过程中，要聘请具有丰富经验的设计师、工艺师、元器件及可靠性专家等对设计方案进行评议、审查，发现设计中可能存在的问题，同时对装置的特性进行详细的仿真分析，包括连接力裕度、解锁力裕度、最大冲击载荷、解锁时间或解锁同步性、分离速度或分离姿态等特性参数，以及极端环境条件下装置性能的衰减情况等，确保装置的特性可以全面满足技术要求，并留有适当的裕度。

以上为一种新型连接分离装置设计的基本过程。事实上，连接分离装置设计方案的继承性不同，其设计过程也不完全一样，有些继承性较好的设计或许可越过前两个阶段，直接进入详细设计阶段。

设计阶段是决定产品可靠性、经济性、实用性的关键阶段，也是设计师最有主动权、最能发挥设计师的能动性、最能体现设计师水平的阶段，在此阶段往往可以产生较大的投入产出比，因此，设计师要特别重视该阶段。但不幸的是，由于进度要求等因素的影响或制约，设计师在该阶段的投入往往不够，经常是在尚未认真、充分、深入地比较方案优劣的前提下，便匆匆确定设计方案，进入详细设计和产品生产阶段。直到产品的生产全部完成，进行最终验证时才发现设计上存在着严重不足，不得不再次修改设计，从而导致进度上、经济上的双重重大损失。这种看似不该发生的、违背客观规律的情况，在以往连接分离装置等航天器产品研制过程中屡见不鲜。但愿这类情况在将来连接分离装置等航天器产品研制过程中不再出现。

1.6.2　连接分离装置生产

连接分离装置的生产是以设计图样等文件为指导，将产品转变为符合要求的实物的一系列活动。为了满足连接分离装置承载大、体积小、质量小等要求，连接分离装置中的承载零件常采用高强度合金钢制造。为保证解锁、分离功能的可靠性，即保证解锁、分离所需要的运动得以顺利实现，对相互配合的、有相对运动的零件的配合精度往往有较高要求。为保证连接分离装置性能的稳定性，对关键尺寸的测量方法及数据记录也会提出明确的、严格的要求，例如详细记录实测数据，而不是仅仅给出合格与否的结论，以便通过数据的比对，有效判断同一批次及不同批次连接分离装置性能的一致性。

制造材料的高强度及高塑性、配合尺寸的高精度、装配过程中的操作稳定性、检验记录的高准确性等需在连接分离装置生产中特别注意。为了保证加工过程的质量受控，保证相关工艺的合理性与可行性以及相关记录的完整性及准确性，连接分离装置特别是火工装置的加工往往由专业的生产厂家完成。这些厂家具有丰富的航天器机构产品生产经验，熟悉哪些工艺是禁止在航天器产品生产中使用的，或限定在一定条件下使用的，并且掌握相应的工艺控制方法，可以有效避免因工艺不当而导致的质量问题。例如由高强度钢制造的零件，一般禁止其表面采用镀锌、镀镉等电镀工艺来进行表面防腐，以避免由此可能导致的氢脆、镉脆等问题。

1.6.3　连接分离装置验证

连接分离装置特别是火工装置的解锁、分离性能在地面难以得到直接验证，因为火工装置解锁、分离后难以通过简单的操作使其再次完全恢复到解锁前的状态，原则上只能一次性工作。因此，对于火工装置的性能验证，通常在同批生产的产品中随机抽取一定数量的试验件，按照相应的条件及顺序进行验证，并根据已验证产品的性能来间接判断未经验证的产品的性能是否满足要求。

火工装置验证中的这一特点对同批次生产的产品性能的一致性要求极其严格。因为只有满足了一致性要求，上述火工装置的抽检方法才有效。为确保随机抽检试验样品的覆盖性、试验的经济性、试验条件的合理性、试验结果的有效性等，试验前火工装置产品设计师需尽早与总体设计师、空间环境专家、可靠性专家等一起，结合已有类似产品的验证情况，共同确定试验项目、试验方案和抽检方法。

1.6.4　连接分离装置交付

把经过试验验证且满足使用要求的连接分离装置交付给使用方，是连接分离装置研制过程的最后一个重要环节。在交付前要确保已经按照产品技术要求完成了所有的设计、生产及验证工作，并且具有用户给出的结论：产品性能满足技术要求。同时，设计师要根据产品的功能及性能特点，制定相应的贮存、安装、使用等技术方案，全面有效地指导后续使用过程，避免由于使用不当而导致的产品损伤。对于重要的技术要求要尽可能量化，例如，对于火工装置的拧紧力矩要给出施加方式和准确的数值，因为拧紧力矩施加的准确性和有效性直接影响火工装置的连接效果。另外，由于火工装置包装、运输等的特殊要求，一般要在办理交付手续后再对产品全面封装，以便相关验收人员在产品交付前对产品进行详细查验。

1.7　连接分离装置应用

1.7.1　连接分离装置的应用需求

根据连接分离的目标体不同，结合1.2节的内容，可以将连接分离装置的用途概述为以下6项。

1）实现航天器上大型柔性机构或装置的压紧解锁。由于运载火箭包络空间的限制，许多大型柔性机构或装置如太阳翼、机械臂等在发射时都要收拢并通过连接分离装置压紧，入轨后连接分离装置解锁，为这些机构或装置的在轨工作创造条件。这样一方面可以显著减小发射时的包络体积，另一方面可以显著提高大型柔性机构或装置对发射环境的适应能力。

2）实现航天器舱段之间的连接及在轨分离。返回式卫星、载人飞船及深空着陆探测器等一般都由多个舱段组成，舱段之间都采用连接分离装置来实现连接，当上述航天器完成在轨飞行任务即将返回地面或在地外天体表面着陆时，舱段之间的连接分离装置解锁、分离，实现返回舱或着陆器与其他舱段的分离，为返回舱或着陆器的安全着陆创造条件。

3）实现航天器与其部件之间的压紧与弹抛。在载人飞船的返回舱上，有很多伸展天线，用来保证返回舱着陆后的搜索定位。当飞船在轨正常飞行时，这些天线收拢在天线舱内，并通过连接分离装置将舱盖压在天线上，以避免返回过程中天线因气动热的作用而遭到烧毁。返回舱落地后，压紧舱盖的连接分离装置解锁，相应的天线伸出天线舱，发出相应的信号，便于搜救人员对返回舱进行搜索、定位。

4）实现航天器在轨对接过程中的转位、停泊。在由空间机械臂参与的航天器对接过程中，往往需要相应的运动停泊，该活动常通过复合型连接分离装置实现，满足两个目标体之间相对位置、姿态及连接刚度要求，并承受连接过程中的冲击。

5）实现两个航天器之间的在轨对接和分离。不论是空间站上航天员的轮换，还是货物的补充，都要通过对接机构实现载人飞船或货运飞船与空间站的在轨对接和分离。这是复合型连接分离装置最关键的应用之一，也代表了当前连接分离装置的最高应用水平。考虑到空间对接技术已发展成为航天器技术的独立分支，本书对这类应用不作详细介绍。

6）实现相关阀门的打开。在航天器推进分系统中，控制推进剂流向的某些阀门，需要在特定的时刻打开，且一旦打开就不再关闭，此时常采用电爆阀实现控制。

本书将重点介绍、讨论连接分离装置的前 4 项应用。

1.7.2　连接分离装置的应用方式

对于简单的连接分离装置而言，常见的应用方式主要有 3 种：单件独立使用、两件冗余使用和多件组合使用。

常见的单件独立使用的连接分离装置包括拔销器、切割器、钢球锁等，一般用于小部件与航天器的连接、解锁或分离、弹抛。图 1 - 15 所示为神舟号载人飞船返回舱底部天线舱盖的压紧与弹抛。返回舱在地面着陆前，通过与天线舱盖相连的钢球锁，把天线压紧在天线舱内。返回舱着陆后，钢球锁起爆，把天线舱盖弹抛掉，天线伸展发出相应的信号，以便返回舱的搜索、定位。在返回舱上有多个天线舱盖弹抛锁。

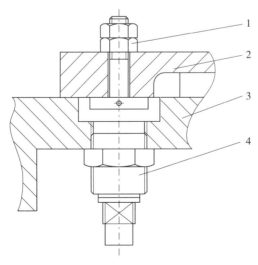

图 1 - 15　神舟号载人飞船返回舱底部天线舱盖的压紧与弹抛

1—压紧螺母；2—天线舱盖；3—返回舱密封底；4—钢球锁

常见的两件冗余使用的连接分离装置为解锁螺母。为了保证解锁的可靠性，可以把两件解锁螺母与同一件连接螺栓相连，而后分别与相应的目标体固定，如图 1 - 16 所示。这样，只要一件解锁螺母工作，就可以实现螺母与连接螺栓的分离，即实现两个目标体的解锁，从而显著提高系统的解锁可靠性。

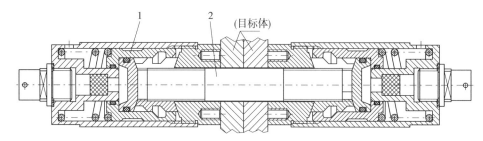

图 1 - 16　两个解锁螺母冗余使用示意图

1—解锁螺母；2—连接螺栓

　　常见的多件组合使用的连接分离装置包括切割器及多种火工锁。航天器上的大型部件与航天器之间的连接与分离以及航天器舱段之间的连接与分离多采用这种方式。与上述两种使用方式相比，多件组合使用方式的设计与验证过程往往比较复杂。DFH - 5 卫星的太阳翼的压紧，便采用了多个切割器。神舟号载人飞船轨道舱与返回舱 - 推进舱组合体之间采用了 12 件火工锁实现连接解锁，采用 4 件火工分离推杆实现分离，返回舱与推进舱之间采用了 5 件火工锁实现连接解锁，采用 5 件弹簧分离装置实现分离。

　　对于复合型连接分离装置而言，由于其连接与分离力均较大，且其自身往往包括了多件简单的连接分离装置，因此常常独立使用。图 1 - 17 所示为一种复合型连接分离装置——轨道快车捕获机构的应用[28]。

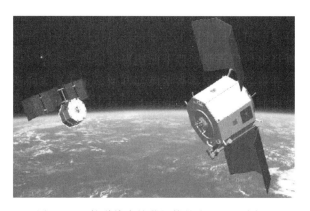

图 1 - 17　轨道快车捕获机构的应用（见彩插）

1.8　目前存在的问题及发展展望

　　经过数十年的研究、应用与发展，航天器连接分离装置技术得到了长足的进步，特别是火工装置，不仅实现了品种的多样化，有些产品还实现了规格的系列化。很多情况都可以根据飞行任务的需要直接从已有的火工装置产品中选用。与此同时，非火工装置技术也取得了快速发展。尽管如此，火工装置冲击过大、非火工装置品种规格过少且作动时间较长等问题仍然没有得到很好的解决。随着大型航天器的发展，新一代载人登月飞船及载人登陆火星飞船的研制、搭载超大型高精度有效载荷卫星的研制等工作的开展，对连接分离技术提出了更新的、更高的要求，这些要求能否通过高可靠、低成本的技术手段得以满足，直接关系到上述航天器研制工作能否顺利进行，为此需要进一步开展如下研究工作。

1) 高承载、低冲击火工装置研制。针对未来载人登月飞船及载人登陆火星飞船等大型航天器的研制需求，开展高承载、低冲击火工装置的研制工作。在提高火工装置承载能力的同时，要避免其体积和质量的显著增大，为此需要研究新型的连接形式及新型的高强度、高弹性模量结构材料。为减小解锁或分离时的冲击，需要采用更先进的冲击缓冲技术，保证火工装置的冲击不会影响有效载荷工作，同时，避免由于缓冲环节的设置而导致火工装置的尺寸过大。值得注意的是，冲击较大是火工装置的固有特性，这是由其作动快、承载大的特性所决定的，难以将其作动冲击降到与非火工装置作动冲击相同的量级。因此，需要探索通过低承载火工装置模块化组合的方式，满足高承载的需要，并进一步研究通过分步解锁降低解锁冲击的有效性。

2) 快速作动非火工装置研制。相对火工装置而言，不论是记忆合金驱动、石蜡驱动还是电机驱动的非火工装置，其能耗较大、作动时间较长，特别是后者往往导致多件产品成组使用时难以同步解锁或分离，这将对系统的分离可靠性造成不利影响。为此，需要适当缩短非火工装置作动时间，进而保证多件非火工装置成组使用时的解锁、分离同步性要求，扩大非火工装置的应用。值得注意的是，作动时间较长是非火工装置的固有特性，因此难以将其作动时间缩短到与火工装置作动时间相同的量级，否则其冲击小的优点将不存在。为解决该问题，在非火工装置作动前可以将其预热到一定温度，当需要作动时，再进一步快速加热到作动温度。该措施可有效缩短作动时间。

3) 高精度弹簧分离装置研究。某些航天器如嫦娥五号月球探测器的返回舱，没有姿态调整的能力，因此对分离后的姿态变化往往有严格的要求，以确保返回舱分离后能顺利返回地面。这就需要严格控制分离装置的分离力-位移曲线，确保分离面上多件分离装置的分离力-位移曲线的一致性。为实现这一目标常采用弹簧分离装置，但由于制造误差的影响以及使用环境中温度、摩擦等因素的影响，难以保证多套弹簧分离装置的分离力-位移曲线的完全一致。因此，需要开展高精度弹簧分离装置研究工作，从多个影响因素入手，确保相同规格弹簧分离装置的分离力-位移曲线的一致性。

4) 火工装置解锁分离性能的仿真分析。火工装置解锁、分离的过程往往涉及火药燃烧产生高压燃气，进而推动活塞克服较大摩擦力做功，以及活塞运动结束瞬时能量的冲击损失等强非线性问题。需要进一步研究如何通过仿真较准确地模拟这些过程，以便在火工装置研制过程中，快速优化其结构形式、精确确定其装药量，从而减少物理试验的次数，减少所需试验件的数量，在保证产品可靠性的前提下，显著降低火工装置的研制成本，满足航天器研制的低成本、短周期需要。

5) 连接分离装置可靠性验证与评估。连接分离装置的可靠性验证与评估是一项耗时长且需要大笔资金支持的活动。尽管目前不少学者提出了基于小样本理论的连接分离装置可靠性试验方案[32-33]，但这些多是针对某一简单装置而进行的研究，通用性还不够好，有待进一步完善。如何根据连接分离装置的结构及工作环境特点，结合已有相关产品可靠性验证方案，确定适合新产品的切实可行的可靠性验证与评估方法，在对其可靠性进行充分验证、准确评估的同时，显著降低试验成本，是一项值得持续研究的重要课题。

参 考 文 献

[1] 于登云，杨建中，等 . 航天器机构技术［M］. 北京：中国科学技术出版社，2011.

[2] 蔡仁宇，李君兰，阎绍泽 . 星箭分离过程中太阳电池阵压紧释放机构的动力学仿真［C］. 2011
    国际功能制造与机械动力学会议暨中国振动工程学会机械动力学专业委员会成立 30 周年庆祝会
    议 .

[3] 娄汉文，杨建中 . 神舟飞船舱段之间连接分离方案［J］. 航天器工程，2004，13（4）.

[4] 杨建中，祁玉峰，娄汉文 . 航天器上使用的可解锁连接与分离装置［J］. 航天器工程，2003，12
    （1）.

[5] 孙泽洲，张熇，贾阳，等 . 嫦娥三号探测器地面验证技术［J］. 中国科学：技术科学，2014，44
    （4）.

[6] 叶培建，于登云，孙泽洲，等 . 中国月球探测器的成就与展望［J］. 深空探测学报，2016，3
    （4）.

[7] 李莹，叶培建，彭兢，等 . 火星探测出舱机构的识别定位与坡度测量［J］. 宇航学报，2016，37
    （2）.

[8] 张华振，马小飞，宋燕平，等 . 星载高精度环形网状天线设计方法［J］. 中国空间科学技术，
    2013，33（5）.

[9] 周志鹏 . 天基雷达的发展与系统技术［J］. 现代雷达，2011，33（12）.

[10] 任守志，商红军，濮海玲 . 一种二维展开太阳翼的展开动力学仿真分析［J］. 航天器工程，
    2012，21（4）.

[11] 李颐黎，戚发轫 . "神舟号"飞船总体与返回方案的优化与实施［J］. 航天返回与遥感，2011，32
    （6）.

[12] 杨建中 . 航天器着陆缓冲机构［M］. 北京：中国宇航出版社，2015.

[13] 刘宾，李新立，柴洪友，等 . 嫦娥三号着陆器释放与转移巡视器技术［J］. 中国科学：技术科
    学，2014，44（6）.

[14] 杨建中，曾福明，满剑锋，等 . 嫦娥三号着陆器着陆缓冲系统设计与验证［J］. 中国科学：技术
    科学，2014，44（5）.

[15] http：//wapbaike. com/item/％E5AB％A6％E5％A8％A5％E4％BA％94％E5％8F％B7％E6％
    8E％A2％E6％B5％8B％E5％99A8（嫦娥五号组成）.

[16] http：//wapbaike. com/item/％E7％81％AB％E6％98％9F％E6％8E％E2％E6％B5％8B％E5％
    99％A8％E7％B3％BB％E7％BB％9F? times tamp ＝1544 0546 56963（火星探测器组成）.

[17] 王萌，周志涛，林德贵，等 . 某型火工解锁装置降冲击设计与试验验证［J］. 航天器环境工程，
    2015，32（6）.

[18] 李新立，满剑锋，吴琼，等 . 一种火工分离螺母释放可靠性验证试验方法［J］. 航天器工程，
    2014，23（4）.

[19] BEMENT L J. A manual for pyrotechnic design development and qualification［R］. NASA‐TM‐

110172，1995.

[20] NASA - SP - 8056 71N28986，Flight separation mechanisms [S]. NASA Space Vehicle Design Criteria，1971.

[21] BEMENT L J，MULTHAUP H A. Determining functional reliability of pyrotechnic mechanical device [C]. 33rd AIAA/ASME/SAE Joint Propulsion Conference&Exhibit，1997.

[22] VAZQUEZ J，BUENO I. Non explosive low shock reusable 20 hold - down release actuator [C]. Proceedings of 9th European Space Mechanism and Tribology Symposium，2001.

[23] CONLEY P L. Space vehicle mechanisms：elements of successful design [M]. New York：John Wiley & Son Inc.，1997.

[24] AUGUSTIJN J，GRIMMINCK M，BONGERS E，et al. Development of non explosive low shock (NELS) holddown and release system [C]. Proceedings of 16th European Space Mechanisms and Tribology Symposium，2015.

[25] 杨建中，曾福明，娄汉文."神舟号"飞船返回舱-推进舱之间弹簧分离装置研究 [J]. 载人航天，2007（1）.

[26] 娄汉文，曲广吉，刘继生. 空间对接机构 [M]. 北京：航空工业出版社，1992.

[27] 弗拉基米尔·谢尔盖耶维奇·谢拉苗尼科夫. 太空对接故事 [M]. 方吉士，冯蕊，译. 上海：上海科学技术出版社，2011.

[28] CHRISTIANSEN S，NILSON T. Docking system for autonomous，un - manned docking operations [C]. 2008 IEEE Aerospace Conference.

[29] ZHU R Z，WANG H F，XU Y J. Study on the classification of rendezvous trajectories of spacecraft [J]. Manned Spaceflight，2012，20（5）.

[30] National Aeronautics and Space Administration Goddard Space Flight Center. On - orbit satellite servicing study project report [R]. 2010（10）.

[31] STAMM S，MOTAGHEDI P. Orbital expres capure system：concept to reality [C]. Society of Photo - Optical Instrumentation Engineers，2004.

[32] WU Q，YANG J Z，FU H M，et al. Deployment reliability test and assessment for landing gear of Chang'E - 3 probe [J]. Journal of Donghua University（Eng. Ed.），2014，31（6）.

[33] WU Q，YANG J Z，FU H M. Test and assessment methods for buffering reliability of Chang'E - 3 probe [C]. International Conference on Reliability，Maintainability and Safety，2014.

第 2 章　连接分离系统方案设计与实施

2.1　概述

连接分离技术是根据航天器飞行任务的需要，将不同的航天器或航天器的不同部分连接成为一个有机整体，并根据在轨指令要求解锁分离为相互独立的部分，以顺利完成航天器预期飞行计划的关键技术，也是航天器上应用最广泛的一项技术，几乎每一个航天器都会用到。在参与连接分离的两个目标体上，直接参与连接分离的具体对象往往有多种，包括连接分离装置、连接器、定位销、连接分离面结构（对接框）、密封圈以及连接状态指示开关等，一般情况下不同对象对连接分离有不同的要求，而且这些要求之间常常相互影响、相互制约。参与连接分离的各个对象组成了一个密不可分的连接分离系统，因此，必须首先从系统的角度入手开展连接分离的方案设计工作，在此基础上，进一步开展各组成部分的方案设计工作。连接分离系统的方案合理与否直接决定了连接分离系统的性能是否可靠，进而决定了航天器整个飞行计划能否顺利完成，因此，确保连接分离系统方案的合理性、可行性、可靠性是至关重要的。

连接分离系统方案设计是航天器总体设计的重要组成部分。影响连接分离系统方案设计的主要因素包括：两个目标体的质量特性、连接面的载荷特点、连接的强度及刚度要求、解锁或分离冲击及同步性要求、分离速度及分离后的姿态要求、参与连接分离的各对象的性能特点以及空间环境特别是空间温度变化范围等，因此，在连接分离系统方案设计过程中，应对这些因素进行充分的分析，确保系统方案能够满足各方面的要求。

为了验证连接分离系统方案设计的合理性，需要在地面进行大量的仿真分析，开展关键、必要的试验验证工作[1-3]。由于航天器在空间解锁分离时往往处于零重力自由飞行状态，因此，在地面试验时，要尽可能减小重力对解锁特别是分离过程的影响。事实上，在地面模拟空间零重力自由飞行状态的代价往往是较大的，对分离后目标体实际姿态变化过程的全面验证也是比较困难的。为了应对这种情况，要尽可能采用分析的方法对分离过程进行充分仿真，根据仿真分析结果，确定影响连接分离过程的重要因素，针对重要影响因素确定典型的试验工况，而后进行有限次数的物理试验，再将试验结果与分析结果进行比对，验证分析结果的可信性、准确性，同时完善分析模型。这样既保证了物理试验的针对性，又确保了分析结果的有效性、准确性。

分离面上往往有多个连接分离装置，且常常设置多个连接器等接插装置，为了判断分离方案的可靠性，在方案设计的初期，需要根据连接分离装置、连接器等接插装置及对接面结构特性等影响分离的诸多因素，对分离的可靠性进行分析、预计；在试验验证的后期，通过可靠性专项试验对分离可靠性进行验证，并结合前期的研制试验结果，依据一定的方法对分离可靠性进行评估，给出量化的评估结果，为整个航天器在全寿命周期内的可靠性预计与评估提供客观数据。

连接分离系统方案设计的目的在于实施，即根据设计方案开展相应的加工制造、装配调试和试验验证工作，最终将产品应用于航天器的飞行任务中。另外，在加工制造、装配调试、试验验证及应用等各个环节中，可以进一步发现方案设计中存在的问题或不足，根据问题的性质、原因以及影响程度，在相应的环节采取改进或应对措施，改进设计方案或优化实施过程，以保证最终实施结果满足设计要求。

2.2　连接分离系统的组成

将由参与连接分离的全部对象组成的有机整体称为航天器连接分离系统。常见连接分离系统的基本组成如图 2-1 所示。一般包括两个目标体及其上的对接面结构、连接分离装置、定位销、密封圈、连接器（接插件）、分离信号装置（连接状态指示开关）等。其中连接分离装置是连接分离系统的核心，它的正常工作是连接分离系统其他部分正常工作的基础。通过它的合理设计来适应、满足其他组成部分对连接状态及分离结果的要求，例如保证两个目标体的连接刚度、相对位置精度及相对分离姿态等。同时，它的设计方案也在一定程度上影响其他组成部分的基本方案。总之，以连接分离装置的设计为核心，以系统的观点考虑问题，才能保证航天器连接分离系统的可靠性。

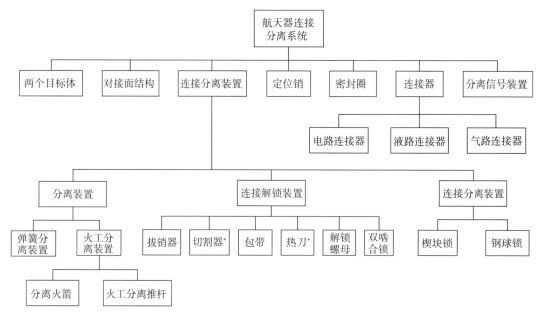

图 2-1　连接分离系统的基本组成

注：＊切割器与热刀需要与相应的压紧杆、绳索配合使用才能实现连接与解锁功能。

2.3　系统方案设计应考虑的问题

2.3.1　设计的基本准则

系统方案设计时应遵循以下基本准则。

（1）分向承载原则

连接面上不同方向的载荷由不同对象承受，避免出现交叉承载情况。例如，连接面的面内（横向）载荷通过抗剪切零部件承受；连接面的面外（纵向）载荷通过连接解锁装置承受，以避免因横向载荷的增加而使解锁分离阻力显著增大，保证解锁分离的可靠性。

（2）最大连接力确定原则

在最大连接力作用下，连接解锁装置的最小强度（以屈服强度计算）裕度应大于 0，以保证连接的可靠性，对于那些环境条件不确定性大、连接状态所经历的时间长等应用情况，最小强度裕度要适当增大。强度裕度可按下式计算

$$\alpha = \frac{受力最严酷的零件的屈服强度}{\beta \times 零件的最大应力} - 1 \qquad (2-1)$$

式中　α——强度裕度；

　　　β——安全系数。

环境影响的不确定性越大，α 的取值越大。

（3）最小分离力确定原则

当采用弹簧分离装置实现分离时，最小分离力裕度应不小于 1，以保证分离可靠性。有时在分离面上布置相应的连接器、定位销等，分离过程中连接器的两部分及定位销、孔之间会产生分离阻力。对于那些因环境条件变化可能使分离阻力增大的情况，最小分离力裕度要适当增大，以确保任意时刻都有足够大的分离力。最小分离力裕度可按下式计算

$$\delta = \frac{最小分离力}{\lambda \times 与最小分离力对应的最大分离阻力} - 1 \qquad (2-2)$$

式中　δ——最小分离力裕度；

　　　λ——安全系数。

当采用火工装置实现分离时，由于火工装置的分离力一般较大，且在整个分离行程上的衰减速度较慢，最小分离力的裕度一般远大于 1。

（4）预紧力适应性原则

在连接解锁装置设计时，要采取相应的措施，确保连接状态下关键承载零件所受预紧力的大小、方向具有一定的适应性，即其大小不会因连接面结构的热胀冷缩而发生显著变化，从而避免关键承载件承受明显的弯矩或横向载荷，以确保连接、解锁性能的稳定性。

（5）连接分离装置选取原则

如果火工装置能够满足解锁、分离冲击及分离姿态要求，那么应尽可能选用火工装置，因为火工装置的可靠性易于保证，且体积、质量和功耗一般均较小。

（6）等刚度、等强度连接原则

要保证每一个连接点处对接框的结构刚度相同，进而保证在相同预紧力及外载荷作用下各连接分离装置的剩余预紧力相同，即连接的强度、刚度相同。

2.3.2 设计应注意的一般问题

在连接分离系统方案设计时，应考虑的核心问题是如何保证系统的可靠性。为此要尽可能简化系统的组成，减少连接面上参与连接分离的装置类别和数量。另外，还要处理好以下问题：

1）继承与创新的平衡。要充分继承已有成熟技术，当已有成熟技术不能满足任务要求时才做必要的创新或改进。技术的继承性是保证可靠性的基础，继承的比例越大，成熟性越高，可靠性越易于保证。创新是设计的灵魂，是为了更好地以较小的代价满足任务要求，获得更大的价值。二者必须兼顾，不能偏废，否则无法实现高效率和高效益的目标。

2）系统的冗余设计。冗余设计是保证可靠性的常见措施[4-5]，例如，为提高解锁、分离的可靠性，火工装置采用双起爆器起爆，并采用双执行组件实现解锁、分离等。但冗余会付出质量、体积、能耗等代价，另外，在某一方面的性能冗余，往往意味着另一方面性能的牺牲。上述提高火工装置解锁、分离可靠性的冗余措施，增大了误起爆、误解锁的可能性，即降低了连接的可靠性。因此，在冗余设计过程中要遵守"必要性"原则，防止过度冗余。

3）系统的安全性保证。在连接分离系统设计时，往往离不开火工装置的使用，火工装置作为典型的危险源，要特别注意其生产、装配、运输、试验及使用等各个环节的安全性。例如起爆器采用钝感型起爆器，能够有效防止静电及射频等影响，确保不会误起爆。另外，还要确保火工装置解锁、分离过程中不会产生多余物，分离过程中的冲击不会对人员或其他仪器设备的工作带来不利影响等。

4）设计方案的工艺性。在方案设计时，除了满足强度、刚度、质量、密封及外形尺寸等要求外，还要特别注意结构形式、结构形状、材料选用、几何公差等的合理性及表面状态、装配顺序、安装方式或方法等加工装配的工艺性、相应状态的易检性。有时工艺性可能会影响整个设计方案。加工、装配、安装使用等过程的工艺方法越简单，实施结果越易于检验，系统的可靠性越易于保证。

5）强度与韧性的统一。在连接分离系统设计时，为保证连接的可靠性，相应的零部件要承受较大的连接力。对于这些承受较大连接力的部件，要特别注意强度和韧性的统一，否则，过分强调强度而忽视韧性要求，可能会导致零件的脆性断裂，从而导致连接的失效。要从材料选用、结构设计、热处理、表面处理等多个方面保证二者的统一，例如选用强度高、韧性好的材料，同时避免过渡圆角过小、热处理硬度过高。不采用易导致脆断的表面处理方法，例如电镀锌等工艺。

6）配合面材料的选择及润滑。对于工作环境温度变化范围较大的配合零件，尽可能选用相同的制造材料，以防止因线膨胀系数不同而导致装置卡死等情况的发生。另外，当温度变化范围太大时，还要采取相应的热控措施，以防止因橡胶、火药等材料性能的明显退化而导致的密封失效或解锁、分离失效。对于有相对运动的配合面，要采取适当的润滑措施，如喷涂 MoS_2 润滑膜，避免因在超高真空和较大应力作用下金属间的直接接触而可能导致的冷焊，同时保证摩擦系数的稳定性。

2.3.3　设计应考虑的一般约束

为确保系统方案满足要求，还需要详细分析以下几个因素的影响及其应对措施。

1）质量特性与对接面尺寸。包括所需连接的两个目标体的质量大小、质量分布、质心位置、转动惯量、对接面尺寸及材料特性等，根据这些特性或其对应的数值大小确定连接、分离点的布置以及不同分离点的分离力大小，进而满足解锁同步性、分离速度与分离姿态等要求。

2）连接面载荷情况。一般而言连接分离装置只能承受纵向载荷而不能承受较大的横向载荷，如果横向载荷较大，就要在连接面上设计相应的限位结构。例如设置相应的剪切销来承受横向载荷，还可以利用剪切销实现两个目标体之间的定位，满足二者之间的位置精度要求，有时也可以把承受横向载荷的零件集成到连接分离装置中。但无论采取何种措施，都要避免连接分离装置在解锁或分离过程中，其内部的运动组件或连接面上其他接插件承受明显的横向力，进而避免分离阻力显著增大的情况发生，确保解锁、分离的可靠性。

3）连接要求。包括连接的强度、刚度、密封性以及目标体之间的相对位置精度等要求。连接强度主要取决于连接分离装置的承载特性、预紧力大小、连接点的布置及两个目标体的连接方式等。影响连接刚度的因素较多，主要包括连接面对接框的面积、直径、形状、材料特性、刚度，连接点（或支撑点）的布置，支撑点所在平面的平面度，连接分离装置的承载特性及预紧力大小等。密封性主要与连接的刚度、密封槽的表面粗糙度及密封圈材料、表面特性及压缩率等因素有关。目标体之间的相对位置精度与二者之间的定位方式、定位精度等因素有关，并通过连接的强度及刚度进一步保证。为提高系统的连接刚度，常在目标体上设置相应的纵向加强桁条，并把连接点设置在桁条附近，如图 2-2 所示。

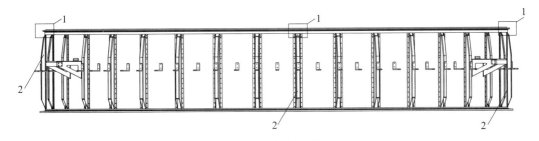

图 2-2　连接刚度的保证

1—连接点；2—纵向加强桁条

4）解锁要求。包括解锁冲击限制、解锁同步性、解锁过程碎片控制等要求。对于火工装置而言，其解锁冲击较大，必须予以重视。解锁冲击一般与火工装置的结构形式、安装方式及装药量等紧密相关。解锁同步性是指当采用多个连接解锁装置实现解锁时，不同装置之间存在的解锁时间差。对于采用多个连接解锁装置实现连接的两个目标体而言，保证解锁的同步性是非常重要的。例如，对于采用弹簧分离装置实现分离的、且对接框直径较大的两个目标体而言，如果连接分离装置的解锁同步性不好，可能会使最后一个解锁的连接分离装置承受过大弯矩，进而导致解锁失败。对于非火工装置而言，其解锁时间相对较长，解锁同步性的控制较难，因此，为了满足解锁同步性的要求，有时不得不采用火工装置。为了避免解锁过程中产生的碎片对航天器上其他仪器设备造成损伤，同时保证地面试验人员的安全，在设计上要保证在连接分离装置作动过程中没有碎片飞出，此外，常通过设置与目标体结构相连的收纳盒，收纳解锁后可能飞出的部分。

5）分离要求。包括分离冲击限制、分离同步性、分离时间、分离速度以及分离角速度或分离姿态等要求。分离冲击、分离同步性的控制与解锁冲击、解锁同步性的控制要求相似。分离时间与分离速度具有相关性，一般情况下只明确其中一个要求即可，该要求通过控制连接分离装置的分离力-时间曲线予以保证。分离的同步性也通过控制不同连接解锁装置分离力-时间曲线的一致性来保证。分离角速度则根据目标体的质心偏离其对称轴的情况，并结合分离装置的合理布置予以保证。

6）能耗要求。主要指提供给连接分离装置解锁、分离的最大电功率要求，特别是当采用火工装置时，一个起爆器的起爆功率一般为数十瓦，考虑到起爆器的冗余，当采用十几个火工装置时（如神舟飞船返回舱与轨道舱之间的连接与分离），解锁分离时的起爆器达数十个，起爆功率可达千瓦，有些航天器无法提供这么大的瞬时功率，所以会有相应的能耗限制。有时由于参与连接的火工装置过多，无法满足所有火工装置同时解锁的能耗要求，不得不把火工装置分成两组，交叉安装这两组装置，一组解锁后，另一组再解锁。这样在降低能耗要求的前提下，保证连接力分布的均匀性。为了满足分离的速度要求，所有火工分离装置一般都同时点火工作。当能耗限制较严时，可以采用非电传爆装置，如图 2-3 所示[12-13]。采用两个电起爆器，点燃非电传爆装置，依靠非电传爆装置的爆轰波点燃各火工装置上的隔板起爆器，进而使各火工装置工作。非电传爆装置爆轰波的传播速度可达 7 000 m/s，因此，不会因非电传爆装置的长度不同而影响火工装置工作的同步性。

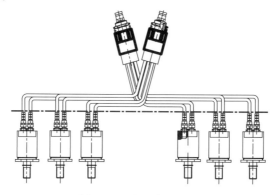

图 2-3　非电传爆装置

7）安装操作要求。由于在安装过程中往往需要相应的扭力扳手或其他专用工具，需要一定的安装操作空间，因此，为了确保在有限的空间内方便地、可靠地实施连接分离装置的安装等操作任务，需要给出安装操作空间要求。在连接分离装置设计时，要充分考虑这一问题，确保安装过程的易实施性及其实施结果的易检验性、可追溯性，避免因安装操作问题考虑不周而导致的难以安装或拆卸等问题。

8）其他要求。包括连接分离装置的质量（重量）限制、机械接口、电接口、热接口要求，贮存寿命及空间工作寿命要求，空间环境条件及装置的可靠性要求等，这些要求的应对措施与其他航天器机构的应对措施[5]是相同的，这里不再赘述。

2.4 连接分离系统方案设计

2.4.1 连接分离系统方案分析

在连接分离系统方案设计前，应对 2.3 节所述的基本准则、一般问题和一般约束逐一分析、综合考虑，并结合已有的技术基础，确定连接分离系统的基本方案，包括：对接框结构的基本形式；连接、解锁与分离功能的实现方式，即是采用同一种装置实现三种功能，还是采用一种装置实现连接、解锁功能，采用另外一种装置实现分离功能；连接点以及分离点的数量及其布置方式（要考虑质心位置特点）；如何实现两个目标体的定位；如何控制连接分离装置解锁、分离时序；如何确定解锁、分离装置的具体类别等。当采用同一种装置实现连接、解锁与分离功能时，还需要注意连接与解锁、分离三种功能可靠性的平衡，例如，为了提高连接的可靠性，在保持总连接力不变的前提下，尽可能采用多个、连接力较小的装置实现连接，这样即使某个装置的连接失效，也可以保证总的连接功能可靠。但装置数量增多，无疑降低了解锁、分离的可靠性，因为任何一个装置未解锁，都会使整个系统的解锁、分离功能失效。所以，在满足连接的刚度、分离的平稳性要求等前提下，必须做到这两方面的平衡。另外还要注意火工装置成功起爆与误起爆之间的平衡，例如为了确保成功起爆，火工装置应尽可能采用两个起爆器，但该措施在增大体积和质量的同时，还使误起爆的可能性增大，因为任何一个起爆器的通电工作，都可以引起火工装置的起爆。

连接分离系统方案的深入分析，对于后续工作的顺利开展具有重要的指导作用。但在工程实践中，对该阶段的投入往往不够，进而导致后续的具体设计工作非常被动。

2.4.2 连接方案设计

连接方案的合理性是影响连接分离系统性能的重要因素，它不仅是保证两个目标体准确定位、可靠连接的基础，同时也是保证可靠解锁、分离的基础。连接方案的设计包括以下基本内容。

（1）连接功能及载荷分析

对连接的强度、刚度、密封性、相互定位等功能要求进行初步分析，确保这些功能要求在方案设计中均能得到充分考虑且得以满足。对所连接的两个目标体的质量特性、结构尺寸及形状、对接面的大小以及其上安装的相应设备（如电连接器）等进行分析，为连接面结构形式的确定、连接点与分离点的布置奠定基础。

连接方案设计时应考虑的主要载荷包括发射过载、分离弹簧作用力以及密封舱内外压差的作用等。发射过载是由于运载火箭在发射过程中的推力脉动等引起的，包括横向过载和纵向过载，一般以地面重力加速度 g（$9.8\ \mathrm{m/s^2}$）为单位给出。根据过载大小及目标体的质量，可以求出具体的载荷大小。分离弹簧作用力是指当采用弹簧分离装置作为分离部件时，由于其中的弹簧作用而施加在两个目标体之间的静态载荷。尽管在地面操作时，密封舱内外的压差一般很小，由此引起的载荷可以忽略，但是随着航天器发射高度的变化，密封舱内外压差逐渐增大，从而使对接框和连接解锁装置之间产生附加作用力，造成对接框变形，进而影响密封圈的压缩率及密封性能。上述载荷的大小与航天器的飞行阶段紧密相关，因此，需要根据航天器的不同飞行阶段，确定载荷的极大值，在此基础上进一步确定载荷的最大值。载荷分析是确定目标体之间连接、定位形式以及连接分离装置类别、数量与布置方式的基础。

（2）连接点、定位点的布置及连接解锁装置的选择

根据连接的功能要求、目标体的质量特性及结构特点、连接面载荷大小、目标体间的定位要求、对接面预期的结构形状、连接实施所需的操作空间等，确定连接点与定位点的位置及定位方式。定位点之间的距离尽可能远，以保证定位精度。同时避免过定位，避免因两个目标体在空间的热变形不一致而导致的热应力，以及由此可能导致的分离阻力增大的情况发生。

根据解锁冲击和连接功能要求，结合载荷的特点及空间环境要求等，确定连接装置的类别。在连接装置类别确定时，还要充分考虑分离功能的实现。例如，对于连接时需承受较大载荷、分离时所需能量较小的情况，一般不采用同一种连接分离装置同时实现连接、解锁和分离三种功能，而是采用多个相同的连接解锁装置实现连接、解锁功能，采用较少数量的分离装置实现分离功能，以便在实现连接解锁功能的前提下，有效减小分离时的冲击。

（3）连接装置的布置方式及对接框结构形式的确定

在连接点与定位点布置以及连接装置选择的基础上，根据连接面的尺寸、连接载荷的大小、解锁能源限制、分离面的功能特点等确定连接装置的布置方式。对于连接面尺寸较大、载荷较大的情况，在解锁能源允许的情况下，尽可能采用承载能力较高、数量较多的连接装置，以保证每个连接装置所承受的连接载荷的一致性以及连接刚度的均匀性，满足等载荷、等刚度的要求，这对于有密封要求的连接面尤为重要。同时，尽可能使连接装置沿对接框均匀布置，且使连接面上同一种连接器的多个产品相对对接面的中心对称布置。

根据连接的刚度、连接面上所需安装的各种装置的数量及其安装方式、密封性、定位精度以及质量和外廓限制等要求，确定对接框的结构材料及结构形式、对接支撑形式及支撑点的数量、定位孔布置及定位精度保证措施、各种装置的连接接口及密封槽的形式等。合理的对接框结构形式是连接顺利实施的基础。

（4）预紧力的合理确定

为了保证连接的刚度，确保航天器在全任务周期内的任何载荷作用下，目标体之间均不产生开缝现象，同时避免因施加的预紧力过大，而使连接分离装置承受外载荷的能力降低，需要合理确定所需的预紧力，并采用适当方法对相应的连接解锁装置准确施加预紧力。

连接件和被连接件的刚度，即连接分离装置与目标体对接框的载荷-变形曲线，如图 2-4 所示，它们相交于 A 点。假设在没有外载荷作用时，对连接分离装置施加预紧力 F_p，那么作用在目标体对接框上的实际压力也为 F_p，即刚度线上的 A 点。在外载荷 F_y 的作用下，目标体对接框所承受的载荷从 F_p 减小到 F_s，即被连接件刚度线上的 M 点，相应地，连接分离装置所承受的载荷增大，对应连接件刚度线上的 B 点。根据图 2-4 的几何关系可以得出 F_s，即剩余预紧力为

$$F_s = F_p - (1 - k)F_y \tag{2-3}$$

式中　k——连接的相对刚度系数。

$$k = C_b / (C_b + C_m)$$

式中　C_b——连接分离装置的刚度系数；

　　　C_m——目标体对接框的刚度系数。

相应地，连接分离装置所受的实际载荷从 F_p 增大到 F

$$F = F_p + kF_y \tag{2-4}$$

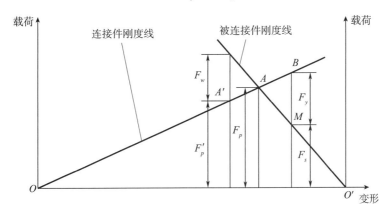

图 2-4　连接件与被连接件的载荷-变形曲线

在外载荷 F_y 的作用下，可以通过式（2-3）来计算剩余预紧力，即目标体对接框所承受的载荷，通过式（2-4）来计算连接分离装置所承受的实际载荷。

可根据式（2-3）和式（2-4）进一步分析预紧力的最大值和最小值。根据式（2-4）计算连接分离装置所承受的实际载荷应小于其破坏载荷值 F_u。结合式（2-4），可以得到预紧力应满足以下条件

$$F_p + kF_y \leqslant F_u$$

即

$$F_p \leqslant F_u - kF_y \qquad (2-5)$$

考虑到外载荷的不确定性，或考虑一定的安全系数 f，式（2-5）可以化为

$$F_p \leqslant F_u - fkF_y \qquad (2-6)$$

通过式（2-6）可以得出预紧力的最大值。

除了要考虑预紧力的最大值外，还要考虑预紧力的最小值。理论上该值为在外载荷作用下，对接框所有弹性变形完全恢复（剩余预紧力为零，两个对接框即将开缝）时所对应的预紧力，即图 2-4 中 O' 点所对应的变形情况。根据式（2-3）可得

$$F_s = F_p - (1-k)F_y \geqslant 0 \qquad (2-7)$$

$$F_p \geqslant (1-k)F_y \qquad (2-8)$$

为保证连接的可靠性，在工程研制中往往要求 F_s 大于零。为此会给定 F_s 一个最小值 F_m，即

$$F_s = F_p - (1-k)F_y \geqslant F_m \qquad (2-9)$$

$$F_p \geqslant F_m + (1-k)F_y \qquad (2-10)$$

预紧力应同时满足式（2-6）和式（2-10）。在此范围内根据实际情况选取一个确定的值，作为工程实施过程中的控制数据。

上述 k 值可以通过式（2-3）确定。例如，在两个对接框的对接面上粘接相应的测力元件，测定一组 F_p、F_y 及 F_s 值，分别代入式（2-3）可以求出一组 k 值，而后求其均值即可。

从图 2-4 中可以看出，当连接件的刚度即连接分离装置的刚度一定，且所施加的预紧力一定时，在外载荷作用下，被连接件的刚度即目标体对接框的刚度越低，预紧力的变化越小，剩余预紧力越大，即连接性能越稳定可靠。当被连接件的刚度即目标体对接框的刚度一定，且所施加的预紧力一定时，在外载荷作用下，连接件的刚度即连接分离装置的刚度越高，预紧力的变化越小，剩余预紧力越大，即连接越稳定可靠。因此，从保证预紧力稳定性的角度讲，应该提高连接分离装置的刚度，降低目标体对接框的刚度。值得注意的是，当采用点式连接，即采用连接分离装置在几个离散的点实现目标体的连接时，如果目标体对接框的刚度过低，在远离连接点处，可能会发生相应的变形，从而影响密封等性能。再者，当连接分离装置的刚度过高，且长度过短时，其抗冲击的能力会显著降低，在冲击载荷作用下存在断裂的隐患，所以，在进行连接设计时，需要对具体技术要求进行综合分析，而后确定相应的参数。

（5）解锁冲击分析

对解锁冲击量级的限制往往决定了采用何种连接分离装置。在火工装置的安装点附近，其解锁冲击一般可达上万 g（地面重力加速度，9.8 m/s^2），非火工装置解锁、分离冲击多在数百至上千 g 范围内。因此，当对解锁冲击要求很严时，就要考虑采用非火工装置。如果采用火工装置，则需要采取适当的措施缓冲解锁过程的冲击，并通过合理的安装方式减小冲击对特定有效载荷的影响。如图 2-5 所示的火工装置安装方式，其解锁时的

冲击直接作用到目标体Ⅰ上，因此，目标体Ⅰ所受冲击较目标体Ⅱ所受冲击大得多。另外，为减小火工装置解锁时对目标体Ⅰ的直接冲击，在目标体Ⅰ的上表面设置相应的凹坑，或在目标体Ⅰ的上表面与火工装置解锁活塞作用点之间预留一定间隙，延长冲击波的传递路径，避免火工装置的解锁冲击直接作用到目标体Ⅰ上。

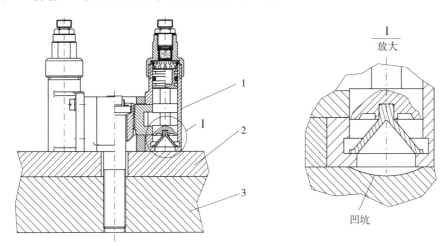

图 2-5　火工装置安装方式

1—火工装置；2—目标体Ⅰ；3—目标体Ⅱ

（6）连接状态评判

为了准确评判连接状态，即连接面是处于连接状态还是已经分离，一般要设置相应的开关。当连接面处于连接状态时，开关闭合（断开），当连接面分离后，开关断开（闭合），在其闭合或断开时分别给出不同的电信号，因此，通过电信号的变化就可以判断连接面的状态。不论采用怎样的指示方式，都要尽可能减小它对连接、分离过程的影响。即它的工作既不提供分离力也不需要额外的力，不会对分离姿态造成任何影响，同时开关的质量和体积尽可能小。

（7）连接实施与操作

这是保证上述设计得以正确落实的重要环节。连接实施过程涉及两个目标体的吊装、对接、定位、连接装置的安装、预紧力的准确施加以及连接面上其他装置的安装等操作。要充分考虑这些安装操作所需的空间及其实施的方便性，特别地还要考虑连接分离装置拆卸的需要。尽管很多时候连接分离装置是不拆卸的，但有时因为故障排查等原因，或者因为总装流程的特殊需要，不得不拆卸。另外，还要特别考虑连接操作过程中相应措施的可控性、可测性及可检性。例如，采用相应的工装准确施加预紧力，避免因预紧力过小而导致发射过程中连接面之间产生缝隙以及由此导致的拍打，或因预紧力过大而导致的预应力过大，进而导致接触面压溃或连接解锁装置解锁阻力增大等情况的发生。对于采用锥面承受横向力的情况，为保证连接的刚度，一般要通过与分离方向垂直的两个目标体间较大接触面的相互支撑来承受连接时的轴向力，避免通过锥面直接接触来承受轴向力，因为锥面的接触面积一般很小。为此常通过螺纹连接把用于定位的两个锥面中的一个设计为轴向可调节的零件，当两个目标体通过相应的定位措施实现对接后，调整该锥面使其与对偶面实现配合（可以根据经验通过拧紧力矩判断），而后再将可调锥面反向旋转一定角度，即沿轴向退回一定距离，使两个锥面之间保持适当的间隙。这样当横向载荷较大时，既可以利用锥面承受一定的载荷，同时又有效避免因热变形等因素而导致的锥面之间内应力的显著增大，进而避免分离阻力的显著增大。保证锥面之间配合间隙的基本过程如图 2-6 所示。

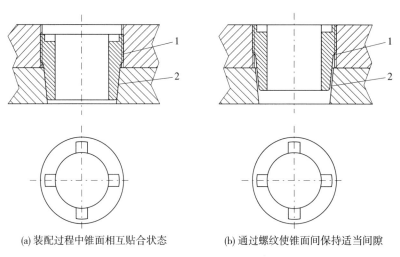

(a) 装配过程中锥面相互贴合状态　　　　　(b) 通过螺纹使锥面间保持适当间隙

图 2-6　锥面配合的间隙保证

1—调整螺纹；2—承载锥面

预紧力可以通过多种方法施加，例如力矩法及液压拉伸法等，上述两种方法都是航天器连接分离装置预紧力施加的常用方法，一般都要通过相应的标定工作来准确确定并控制相应的物理量。其中力矩法最方便，也最常用。航天器研制工程实践表明，在相应连接面的表面状态一致性较好的前提下，力矩法所施加的预紧力误差在 ±5% 以内。

连接时所施加的拧紧力矩需要克服连接分离装置与目标体或垫圈之间的摩擦力矩、螺纹副的摩擦力矩、螺纹斜面受力而产生的阻力矩等。对于公称直径为 d、预紧力为 F_p 的螺栓，拧紧力矩 T 可用下式估算

$$T = k_0 F_p d \qquad\qquad (2-11)$$

式中　k_0——当量拧紧力矩系数。

可根据螺纹表面情况选取 k_0，其值在 $0.1 \sim 0.3$ 范围内，当对旋转面采取润滑措施时，k_0 取较小值，反之 k_0 取较大值。

图 2-7 所示为一种通过液压拉伸法准确施加预紧力的装置示意图，其中的目标体 I 和目标体 II 通过过渡支座相连，且最终通过解锁螺母和压紧杆之间的预紧实现连接。预紧时先将带有预紧螺母的压紧杆旋进解锁螺母，而后将压紧杆穿过相应的连接孔，再把转接套筒与预紧螺母相连，最后将拉杆穿过压力传感器、油缸及连接座，并旋入压紧杆，至此，预紧力施加前的准备工作全部完成。通过油缸对拉杆施加拉力，从而对压紧杆施加相应的预紧力，通过压力传感器的读数判断预紧力的大小是否满足要求。当预紧力满足要求

时，通过转接套筒施加很小的力矩将预紧螺母初步预紧，而后将相应的工装包括转接套筒、连接座、油缸、压力传感器、拉杆等拆下。从上述操作可以看出，该方法通过压力传感器直接读取预紧力的大小，没有相应的转换误差，因此，施加的预紧力非常准确。另外该方法也不会带来明显的附加扭矩，因此可以充分发挥压紧杆的轴向承载能力。当然，为准确判断压紧杆上最终的预紧力大小，在正式施加预紧力前，也要开展相应的标定工作。

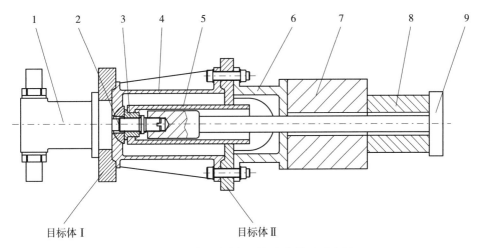

图 2-7　一种准确施加预紧力的装置示意图

1—解锁螺母；2—压紧杆；3—预紧螺母；4—过渡支座；5—转接套筒；6—连接座；7—油缸；8—压力传感器；9—拉杆

　　在上述连接方案设计过程中，还需要一并考虑连接分离装置的其他要求，包括连接分离装置的质量限制、机械接口、电接口、热接口等要求，贮存寿命及空间工作寿命要求，空间环境特点、连接可靠性要求以及验证试验项目、验证试验方案等内容。

　　上述各项活动在设计过程中往往是相互交叉、相互影响的，需要同时考虑多个因素的影响，且常常需要多次迭代才能完成全部设计工作。连接方案设计所要考虑的主要问题可以用图 2-8 所示的框图表示。在工程研制中，有时图 2-8 所示的某一级反馈仍无法满足相关参数的要求，而不得不反馈到更高一级，从而对相应的设计方案进行较大调整，以使最终设计结果满足全部要求。

2.4.3　分离方案设计

　　在上述连接方案设计时，许多与分离有关的设计内容已经考虑了。事实上，连接、分离设计是一个有机的整体，二者是无法隔离开来的，这里仅仅是为了陈述方便，把二者分开介绍。

　　（1）分离装置的选择

　　考虑到分离姿态、分离冲击、分离能量（速度）以及对接面密封等要求，确定适当的分离装置。例如，对于分离姿态要求较严的情况，则优选弹簧分离装置，因为弹簧分离装置的分离力便于测量，且可以调整，因此易于保证分离姿态。当对于分离冲击要求不严、分离能量要求较高及对接面有密封要求时，则优选火工分离装置，如火工分离推杆[12]或

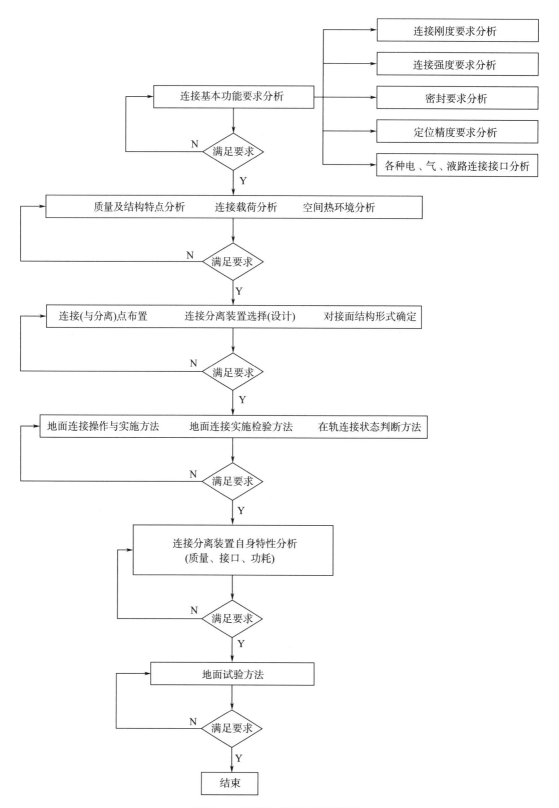

图 2-8　连接方案设计逻辑框图

分离火箭[13]，因为单位质量的火工分离装置可提供的分离能量远比弹簧装置的对应值大。另外，火工分离装置在分离前不会像弹簧分离装置那样，始终在连接面上施加一个分离力，因此，可以有效避免由于分离力的作用而可能导致的密封失效。根据目标体的质量、所需的分离速度、连接器等部件的分离阻力及其可能的变化范围等确定适当的分离力及相应的分离行程，确保分离的可靠性及姿态的稳定性。

（2）分离装置的布置

一般情况下分离装置均沿对接框周向均匀布置，但有时由于目标体质量分布的不均匀，导致其质心位置偏离了其几何轴线。此时如果沿与目标体几何轴线垂直的对接面的周向均匀布置分离装置，往往无法满足分离的姿态要求。在工程实践中常采取两种措施应对此情况：第一，采用一种分离装置，并根据分离姿态的需要，在对接面周向上进行不均匀布置；第二，采用分离力不同的两种分离装置，仍然沿对接面圆周方向均匀布置，通过两种分离装置的分离力或分离行程的不同分配满足分离姿态要求。当采用弹簧等分离装置实现分离时，应使分离点尽可能靠近连接点，以减小弹簧分离装置的推力给目标体结构带来的弯矩，避免由此可能导致的两个目标体的结构变形。

（3）分离装置的安装操作

相对于连接装置的安装过程，分离装置的安装过程往往比较简单，其安装过程一般只涉及紧固问题，不涉及拧紧力矩的准确施加。当采用火工分离装置实现分离时，常将其与目标体中的一个固定，并与另一个目标体保持很短的距离，以避免给分离面带来额外的内力，或由此导致火工分离装置内部的损伤。对于弹簧分离装置而言，安装完成后通过弹簧释放，使相应的顶头顶在另外一个目标体上。两个目标体之间的连接解锁后，分离装置工作，将二者分开。通过安装设计，将分离时的作用力施加在相应的支承面上，而不是紧固件上，以避免因紧固件的断裂而导致分离的失效。如图 2-9 所示，分离装置的分离力作用在分离装置与目标体Ⅱ之间的支承面上，紧固件只起定位作用。当受到安装顺序的限制，只能先将目标体对接，而后才能安装分离装置时，就不能采用图 2-9 所示的方式了。

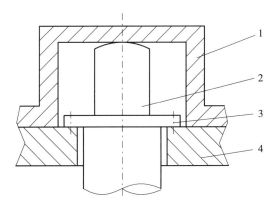

图 2-9　分离力的安全施加方式

1—目标体Ⅰ；2—分离装置；3—紧固件；4—目标体Ⅱ

　　与连接方案设计相似，在上述设计过程中也要一并考虑以下要求，包括：分离装置的质量限制及其机械接口、电接口、热接口等要求；贮存寿命及空间工作寿命要求；空间环境特点、分离可靠性要求；验证项目、验证方案等内容。

2.4.4　设计方案复核

　　为了确保连接分离系统方案设计的合理性、可靠性及经济性等，在设计方案实施前常组织同行专家对其进行全面复核。复核的重点内容包括以下几个方面：

　　（1）失效模式及应对措施

　　连接分离方案的失效往往会导致整个飞行计划的失败，其失效模式分析的全面性及应对措施的有效性对保证方案的可靠性是十分重要的，所以应对此进行全面复核。包括定位销对分离的影响及其应对措施、连接件的断裂及其应对措施、解锁过程中火药燃气泄漏及其应对措施等。为避免火工装置中的活塞在振动环境下的自由窜动，常设置相应的剪切销将活塞与壳体固定。但如果此剪切销的位置设置不合理，有可能导致火工装置点火过程中燃气的泄漏。要把剪切销设置在解锁过程中燃气作用的低压区而非高压区，以避免剪切销在高压燃气压力作用下飞出火工装置，或由此导致的燃气泄漏、仪器设备或人员损伤。图 2 - 10（a）所示即错误地把剪切销设置在了切割器燃气作用的高压区，图 2 - 10（b）所示为剪切销的正确设置位置，即将剪切销设置在低压区，也可以根据需要将剪切销设置在两道密封圈的右侧，同时要确保切割器作动过程中剪切销断面不会划伤密封圈，以避免作动后因燃气泄漏而导致的环境污染。

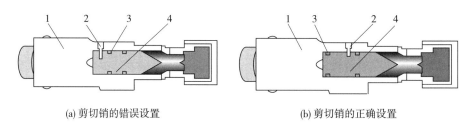

(a) 剪切销的错误设置　　　　　　　　　　　(b) 剪切销的正确设置

图 2 - 10　火工装置活塞剪切销的设置

1—高压区；2—剪切销；3—密封圈；4—低压区

　　（2）冗余措施的充分性和有效性

　　为保证设计方案的可靠性，往往采取一定的冗余措施，例如采用两个切割器切断线缆，或采用两个解锁螺母实现两个目标体的解锁等。对于单个连接解锁装置，也常采取冗余措施，例如火工装置采用双起爆器发火以提高发火的可靠性，解锁装置采用双执行机构以提高解锁的可靠性，在分离弹簧的导向柱与外壳之间增加衬套以提高分离的可靠性等[6]。尽管这些措施都会带来体积、质量（重量）或能耗的增加，但为保证连接分离方案的可靠性，这些措施往往是必要的。要全面复核这些措施的充分性、有效性。在工程应用中，如果冗余措施不当，尽管付出了同样的代价，却起不到预期的冗余效果。如图 2 - 11（a）所示的双切割器切断线缆的情况，当主份切割器切割失败时，一种可能的情况是主份切割器虽未切断线缆，但切刀却卡住了线缆，此时即使备份切割器正常工作，也不能完成线缆的切割任务。如果将图 2 - 11 (a) 所示的主、备份切割器位置交换，如图 2 - 11 (b) 所示，就可以避免这种情况的发生，达到切割器冗余设计的目的。

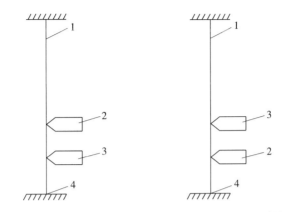

(a) 主、备份切割器的不正确设置　　(b) 主、备份切割器的正确设置

图 2 - 11　切割器的冗余设置

1—线缆分离端；2—主份切割器切刀；3—备份切割器切刀；4—线缆固定端

(3) 冲击控制及解锁、分离过程自由件的收纳

对于火工装置而言，解锁、分离过程中的冲击缓冲及该过程中自由件的可靠收纳始终是必须关注的问题，因此，需要对相关措施的有效性进行复核。保证火工装置内部的冲击缓冲环节不会影响解锁、分离的基本功能。如图 2 - 12 所示的拔销器，在活塞端部设置了薄壁管以缓冲解锁时的冲击，缓冲过程中薄壁管将被楔进端部的凹槽中，并发生相应的压溃变形，从而避免因缓冲导致的反弹，确保销子彻底拔脱。对于相关自由件的收纳，则既要保证措施有效，又要保证由此付出的质量（重量）等代价小。如图 2 - 13 所示，通过收纳盒将解锁后的压紧杆收纳，收纳盒为开孔的薄壁件，有效减小了收纳盒的质量，还可以在收纳盒底部设置铝蜂窝等缓冲材料，控制自由件脱落时的冲击。

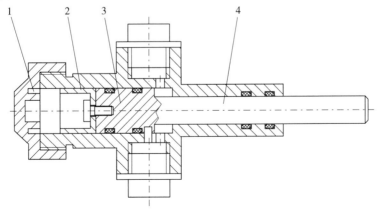

图 2 - 12　拔销器作动过程中的冲击缓冲

1—凹槽；2—薄壁管；3—活塞；4—销子

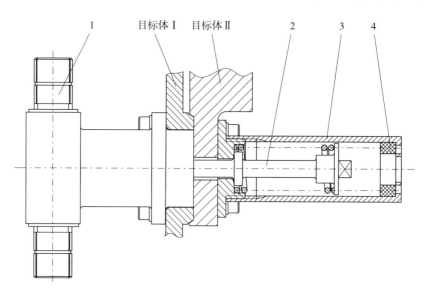

图 2 - 13　火工装置作动后自由件收纳

1—解锁螺母；2—压紧杆；3—收纳盒；4—铝蜂窝

（4）方案的工艺性及经济性

为了保证方案的可靠性，设计师往往希望零部件的材料性能尽可能好、相应部件加工精度尽可能高，从而在一定程度上忽视产品的工艺性和经济性，而且有时零部件的高精度要求并不能使产品性能显著提高，但可能使工艺难度显著增大，从而可能导致成本的显著提高，甚至工艺状态的不稳定，进而影响产品的性能，因此，必须对方案的工艺性和经济性进行复核。弹簧分离装置工艺性比较如图 2 - 14 所示。其中拉杆型弹簧分离装置如图 2 - 14（a）所示，它通过内筒、外筒之间较大的重合度及相应的配合实现弹簧力方向的控制，采用拉杆限制分离后弹簧等零件的飞出。盖板型弹簧分离装置如图 2 - 14（b）所示，它通过内筒、外筒之间较小的重合度及位于端部的盖板与轴之间的配合实现弹簧力方向的控制，通过盖板卡住分离后的内筒，进而限制分离后弹簧等零件的飞出。与拉杆型弹簧分离装置相比，盖板型弹簧分离装置对内筒、外筒的圆柱度要求明显降低，同时盖板的质量也明显小于拉杆的质量，因此经济性更好。不论是图 2 - 14（a）所示的形式，还是图 2 - 14（b）所示的形式，当弹簧分离装置的分离行程较大时，为降低对外筒内孔圆柱度的要求，可以把内筒上与外筒配合的部分加工成图 2 - 14（c）所示的形状。

（5）试验验证项目的全面性

系统、全面、有效的地面验证，是判断连接分离系统设计可靠与否的关键手段。要根据系统的功能及性能要求，从组件、产品及系统等多个层面确定相应的试验项目，对连接分离系统方案进行充分的验证。

（6）安装实施及检验的方便性

这里的安装实施主要是指连接分离装置的装配及安装使用，检验主要是指对实施结果的检验。实施的方便性是保证产品性能的重要基础，实施越方便，因操作不当而导致产品

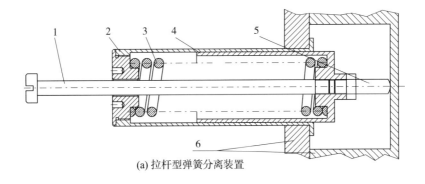

(a) 拉杆型弹簧分离装置

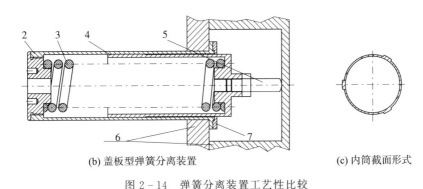

(b) 盖板型弹簧分离装置　　　　　　(c) 内筒截面形式

图 2-14　弹簧分离装置工艺性比较

1—拉杆；2—外筒；3—弹簧；4—内筒；5—顶头；6—目标体；7—盖板

故障的可能性越小，产品的性能越易于得到保证。检验的方便性是评价实施过程正确性、有效性的重要因素，检验越方便，安装实施的结果越易于得到准确评价，同时也越利于产品性能的充分发挥。因此，为最终保证连接分离装置的性能，确保安装实施及检验的方便性是非常重要的。

2.5　连接分离系统方案实施

连接分离系统方案的实施包括许多内容，如连接分离装置、连接面端框结构、连接所需专用工装等的研制及相应产品的调试、试验等诸多工作，其中连接分离装置研制是连接分离系统方案实施的核心内容。

2.5.1　连接分离装置研制

连接分离装置是连接分离方案实施的最终执行部件，它的性能可靠与否直接决定了连接分离方案的可靠性，因此其研制是连接分离系统方案实施的核心内容。

连接分离装置的研制包括装置的类别确定、初步设计、分析验证、详细设计、生产加工、装配调试、单机功能与性能试验以及单机验收、多机组合试验等工作。为保证每一个工作环节的顺利进行，在产品研制前需要对整个研制周期内的所有工作环节进行详细策划，识别出每一个环节中的技术与管理风险，并制定详细的应对方案，确保风险得到有效控制。

（1）连接分离装置的类别确定

该问题在 2.3 节已经说明，这里不再赘述。

（2）连接分离装置初步设计

根据总体对连接分离的技术要求，考虑连接分离系统方案中确定的连接分离装置的类别及数量、连接面载荷的不均匀性及相应连接力、分离力裕度要求等，确定单个连接分离装置的设计参数，包括承载力、外廓尺寸、质量（重量）、解锁冲击、解锁时间、分离冲量、可靠性等，在此基础上根据已有的技术基础开展设计工作，确定连接分离装置的结构形式、各部分的结构材料、结构尺寸、配合关系、解锁分离运动特性等。

（3）连接分离装置性能分析

通过初步设计建立力学分析模型，使用相应的软件进行仿真分析。需要指出的是，火工装置解锁及分离的时间很短，该过程非线性极强，如果没有相应的技术基础和经验，解锁、分离过程仿真的误差往往较大。值得庆幸的是，目前不少火工装置的技术已经成熟（见第 3 章），积累了大量的试验数据，根据新产品与成熟产品的相似性，以已有的试验数据为基础，完善相应的仿真分析模型，可以有效减小仿真分析的误差，提高分析的精度。对于非火工装置的仿真，其分析结果的误差一般较小。

（4）连接分离装置设计完善

根据仿真分析的结果与期望值之间的差别，结合已有的技术基础和设计经验，对连接分离装置的初步设计方案进行完善，直至产品的仿真结果满足要求，并且关键技术参数具有适当裕度时，便可以开展方案的详细设计工作。根据产品的结构及性能特点，对重要的尺寸、参数或制造、装配环节提出专门的要求，以确保产品性能得到保证。为进一步保证方案设计的合理性，避免可能的疏漏，在详细设计工作完成后还要进行相应的评审及复核，评审、复核通过后方可生产。

（5）连接分离装置生产加工

在连接分离装置设计的同时，就要根据设计图样及相应的技术要求，开展工艺设计，筹备相应的材料，设计相应的工装，安排相应的设备，为连接分离装置的生产做好准备。值得指出的是，在新型连接分离装置投产前，一般要对生产准备情况进行评审，评审的主要内容包括工艺方案、工艺设备及相应人员情况等，确保生产过程能够满足设计的需要，控制工艺风险，消除工艺隐患，为保证产品质量的一致性、稳定性和可靠性奠定基础。

（6）连接分离装置装配与调试

零部件加工完成后，就要根据技术要求进行产品的装配和调试，在此过程中要摸索出关键装配工序的质量控制方法，包括螺纹连接预紧力矩与解锁力的关系、所需预紧力矩的大小、防松措施的有效性控制等，通过调试使装配质量得到全面保证。

（7）单机功能、性能验证

在交付用户前，要根据产品的结构及性能特点对其进行详细的验证。考虑到火工装置等产品试验后性能的不可恢复性，该验证一般分为非破坏性验证及破坏性验证两个阶段。

例如火工装置起爆器的阻值测量就属于非破环性验证，其最大承载能力试验属于破坏性试验。单机性能验证包括解锁阻力验证（火工装置常用解锁所需的压力表示）、预紧力与连接力之间关系验证、分离力及分离行程关系验证、最大承载能力验证等。上述试验验证的边界条件要尽可能与真实使用的条件保持一致，例如目标体模拟件的材料、结构形状、机械接口以及表面状态等，要与真实使用时的情况相同。这些验证活动对于产品质量的最终保证具有重要的作用。

（8）单机环境适应性验证

从试验验证的应力量级来分，可以分为鉴定级试验及验收级试验。从模拟的环境条件类别来看，可以分为地面环境试验及空间环境试验。地面环境试验主要是验证产品对地面运输、贮存等环境的适应性，空间环境试验则是验证产品对空间环境的适应性。这些试验将在第 3 章、第 4 章进行详细讨论。

（9）连接分离装置验收

试验验证工作全部完成后，根据研制过程的情况及验证结果，对产品性能进行评价，判断其性能是否满足设计或使用要求。如果相应的要求全部满足，就可以按要求对产品进行验收，以便后续飞行使用。验收过程要聘请相应的同行专家和设计师一起对相应的文件进行全面审查，对产品实物进行全面复验，全面确认产品研制过程的质量控制情况、产品验证的充分性以及相关记录的全面性、准确性及可信性，确保产品性能满足要求。

2.5.2　连接分离系统性能验证与评估

连接分离系统是由连接分离装置、定位装置、相应的目标体及其连接面结构、连接面上的其他装置如电、气、液路连接器以及相应的指示开关等组成的有机整体。连接面连接与分离的可靠性由这些组成部分共同保证，所以，飞行前必须对分离系统的性能进行验证和评估，包括性能分析、试验验证及可靠性评估，事实上，在系统方案设计时就应该考虑这些工作如何开展了。

（1）系统连接分离性能分析

在方案设计初期，有些组成部分的结构还不够详细，因此，常采用刚体模型进行分析，各组成部分也相应简化，例如，依据经验把各接插装置简化为相应的接插力，而后进行相应的分析，分析的重点包括连接强度、刚度以及分离后目标体的运动参数等。随着研究的进展，在连接面各组成部分的结构设计完成后，则建立详细的有限元模型，并利用实测的相关数据，如连接装置的预紧力与拧紧力矩关系曲线、连接分离装置解锁冲击与时间关系曲线、分离装置的分离力与分离行程关系曲线等，进行相应的分析。分析内容包括在预紧力作用下，连接面的刚度是否满足要求；在连接面最大载荷作用下，各相关部分的最大应力是否超出允许值；根据分离力的特性，分析目标体分离后的速度、角速度及最大冲击加速度等参数是否满足要求。根据分析结果与技术要求的差异，对相应的设计方案进行完善。

（2）系统可靠性预计

为了保证航天器整个飞行任务的圆满成功，对连接分离面都会提出明确的可靠性要求。设计方案是否满足这一要求，要根据设计方案的特点对连接分离系统进行可靠性预计。一般采用类比预计的方法，即根据已有类似方案的验证结果，并考虑新的设计方案与已有方案之间的差异性，进行相应的数据修正，进而在相关可靠性分析、预计理论的指导下，对设计方案的可靠性进行预计。可靠性预计过程相对简单，其结果带有较强的主观性。

（3）系统性能验证

系统性能验证包括连接性能验证及解锁分离性能验证。前者一般是在航天器力学（振动、冲击等）性能试验中进行充分的验证，后者需要通过专门的试验进行验证。为了保证后者验证的真实性，在试验前所有连接面上具有接插关系的装置都要装配好，且连接分离装置的安装要严格按要求施加拧紧力矩，以确保安装状态的真实性。为了模拟太空失重状态，在分离前要设法平衡重力的影响，并避免由此可能导致的额外载荷对连接面的作用。目前常用的模拟失重的方法有吊挂法和气浮法。吊挂法分离方案示意图如图 2-15 所示，将两个待分离的目标体按预期的连接方式连接到一起，而后用两根较长的绳索分别吊挂在它们的质心处，使目标体与地面保持适当的高度，并使绳索所在方向与分离时目标体的运动方向垂直。通过控制绳索长度，保证分离过程中绳索拉力的水平分力不大于竖直分力的 5%，且在允许的情况下，此数值越小越好。为避免分离后的目标体在重力及绳索张力的作用下再次相撞，还要设置相应的反向运动控制装置。

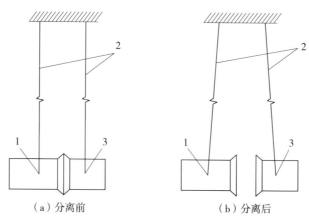

（a）分离前　　　　　　　　　　（b）分离后

图 2-15　吊挂法分离方案示意图

1—分离体Ⅰ；2—吊绳；3—分离体Ⅱ

气浮法分离方案通过气浮台实施，图 2-16 给出了对一个目标体进行气浮的示意图。气浮台的支承面一般为大理石材料，其表面光滑、水平，气浮台底部安装有多个气足，气足的底面有多个气孔。试验时通过向气足中通入一定压力的空气，使气流通过气足的气孔吹向大理石表面，从而在气足与大理石表面之间形成一定压力的气膜，这样通过气浮台对目标体产生相应的空气浮力，从而平衡目标体重力的影响，模拟其空间自由飞行状态，避免解锁分离过程中受到明显的外部环境的干扰，进而避免由此带来的运动误差，保证验证结果的准确性。气浮台可以实现二维平动和绕 Z 轴的转动，结合二维转动装置可以实现目标体的滚动和俯仰运动，因此，气浮法可以实现 5 个自由度的模拟。模拟件用来模拟目标体的质量和惯量，相应的连接接口实现目标体间的连接。图 2-17 所示为气浮台的一种组成方式，由多个气足支撑气浮台底座。当气浮台的质量较大时，常采用这种形式。

在分离试验中，可以通过冲击加速度传感器直接测量分离冲击的大小，通过多台高速摄像机对整个分离过程进行摄像，并通过图像的后处理得到相对分离速度和分离后的姿态等参数。

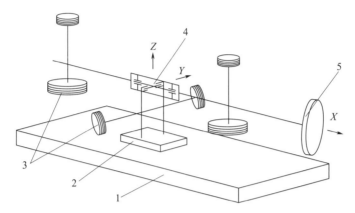

图 2-16　气浮法分离方案示意图

1—大理石平台；2—气浮台；3—模拟件；4—二维转动装置；5—连接接口

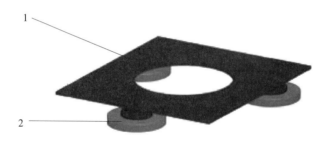

图 2-17　气浮台的组成

1—气浮台底座；2—气足

（4）系统可靠性验证与评估

为了准确回答连接分离系统的可靠性，需要通过相应的专项试验对可靠性进行验证。当然该验证也可以与其他分离性能试验结合起来进行。考虑到系统试验代价大、效率低，因此只能进行有限次数的试验。为此，常采用小样本可靠性验证理论，选择最能代表系统性能的可靠性特征量，并在试验中进行准确测量。而后采用相应的可靠性评估方法进行评估，得出可靠性验证结果。需要指出的是，该数据是可靠性验证结果，而不是系统的真实可靠性，理论上前者的量值较后者小。尽管随着试验的不断进行，表征可靠性验证结果的数值可能会逐渐增大，但在不采取任何改进措施的情况下，系统的固有可靠性并不会改变。

2.5.3　连接分离装置安装与使用

连接分离装置安装与使用是连接分离方案实施的最后一步，也是最终的目的。通过在各阶段试验过程中的安装与拆卸，对安装顺序、安装过程中应注意的问题更加清楚，安装质量的控制方法更加完善，相关的检验环节和检验数据的判断标准更加明确，这些都要体现在相应的安装与使用技术要求之中，并以正式的文件予以明确，指导连接分离装置的安装，确保安装、使用的正确性与合理性，避免因安装、使用不当而导致故障的发生。为了避免连接分离装置解锁、分离后因运动部件的飞出而产生相应的多余物，根据装置的结构及作动特点，设置相应的收纳盒，将解锁、分离后的运动部件限制在收纳盒中，如图 2 - 13 所示。

2.6　连接分离系统方案设计实例

2.6.1　神舟号载人飞船返回舱与推进舱侧面连接分离方案设计

2.6.1.1　方案设计基本要求

在神舟号载人飞船返回舱返回地面过程中，为了保证不因气动加热而使其温度过高，除了在返回舱表面设置相应的防热层外，还要避免迎风面出现相应的凸起，以免局部热流密度过大而使返回舱损毁，因此，返回舱-推进舱之间的连接与返回舱-轨道舱之间的连接不同。后者只有一个连接面，所有的连接包括穿舱连接均直接通过端面连接实现，而前者有两个连接面，即端面连接和侧面连接。端面连接实现返回舱-推进舱舱体结构之间的连接，并通过两舱的轴向对接实现，相应的连接分离装置（5 件）穿过密封的球形金属结构（简称金属底）和球形防热结构（简称防热球底）。侧面连接实现返回舱和推进舱之间的电、气、液路连接，即二者之间的主要穿舱连接通过侧面连接实现。侧面连接位于返回舱返回时的背风面，这样有效避免了在返回舱返回过程中以防热球底为主的迎风面上因过多的穿舱连接而导致凸起过多，进而避免相应部位过热，保证返回舱不被损毁以及航天员的安全。在返回舱与推进舱分离前，侧面的电、气、液路连接首先分离，而后端面连接分离。

侧面连接分离的主要功能要求如下：

1）连接功能。在飞船的发射段、空间运行段（在轨运行段）以及相关地面操作过程中，要保证推进舱和返回舱之间电、气、液路的可靠连接。

2）分离功能。在推进舱和返回舱即将分离时，使各连接器相连接的两部分分离，切断推进舱和返回舱之间电路、气路和液路的连接，并避免分离运动末期的冲击或反弹。另外，为了满足飞船在发射架上处于发射准备阶段时的应急救生需要[7]，要采取相应的运动限位和缓冲吸能措施，避免分离运动可能导致的整流罩受损的情况发生。

3）密封功能。在连接状态要保证各连接器自身及其与机械接口之间的可靠密封，分离后仍要保证各连接器处于返回舱上的部分及其与机械接口之间的可靠密封。

4）防热功能。在连接状态或分离后，不能在返回舱对应的连接区域过多漏热。

5）空间碎片限制要求。在分离过程中或分离后不能有相应的空间碎片产生。

与功能要求相对应，还有详细的性能要求，包括连接器的类别和数量、分离时间、分离冲击、密封指标、质量（重量）限制、连接与分离可靠性、相应的接口限制以及环境条件等。对于这些要求本书不作介绍。

2.6.1.2　任务分析与系统设计

　　侧面连接需要实现多个电路以及相应气路和液路连接器的连接,如图 2 - 18 所示。当推进舱与返回舱处于连接状态时,必须保证这些连接器的可靠连接,否则就无法实现两舱的正常通信、供电或控制返回舱内的温度。在推进舱与返回舱分离时要保证各连接器同步、可靠分离,否则,就会影响返回舱的正常返回,危及航天员的生命安全。

　　为了便于侧面连接、分离性能的实现以及相应的装配操作,各连接器相互插接、分离的两部分分别与对应的安装板固定。其中一个安装板又与返回舱侧壁密封连接,该安装板称为密封板。为保证不因穿舱而影响返回舱的密封性能,各连接器与密封板的连接也为密封连接。与连接器的另一部分相连的安装板称为分离板,各连接器与分离板的连接为非密封连接。

　　为了减小解锁分离时的冲击,并避免解锁不同步的情况出现,在密封板和分离板中心采用一个火工装置实现二者的连接、解锁,采用两个弹簧分离装置实现分离,使分离点接近连接点,且相对连接点对称布置,降低分离力对分离板的弯矩作用,并保证分离的同步性。

　　为了避免分离板分离后成为空间碎片,通过一种特殊的四杆机构将分离板与推进舱侧壁连接。在连接状态时通过四杆机构上的搭杆支撑、固定相应的线缆和管路。分离时通过该四杆机构引导分离板实现分离,并通过其上的缓冲组件缓冲分离锁定时的冲击,防止分离板分离后因运动反弹再次与密封板插合。为了保证返回舱返回过程中密封板的性能,在密封板和分离板之间设置相应的防热板,避免因气动热的作用而导致密封板过热或密封失效。

　　根据所需的多种连接器的数量及其结构、插合行程等特点,考虑到返回舱侧壁开孔的大小以及密封板与返回舱侧壁的密封要求,密封板、分离板之间的定位及支撑要求,两板的直径尺寸等,通过优化布局实现了各种连接器对中心的对称布置[8],保证分离力的合力作用在两板的中心位置。在两板之间通过位于周边的台阶实现径向定位和支撑,避免在发射段过载的影响下各连接器因两板之间的相对错动而受到侧向力的作用。通过定位销实现两板之间的周向定位,便于各连接器在安装时的快速对中。采用钢球锁(火工装置)在两板的中心实现连接、解锁,采用两个弹簧分离装置在中心轴线上的两点布置实现分离,既确保了连接的可靠性与解锁、分离的同步性与可靠性,又有效避免了解锁、分离时的冲击过大。通过弹簧分离装置中的弹簧设计,确保弹簧力大于连接器等分离阻力之和的两倍,即分离力裕度大于 1,并通过进一步控制分离行程,确保弹簧提供的能量不小于分离板分离后的动能与摩擦力所做功之和,进而确保两板完全可靠分离。从密封板的插座上引出两根信号线,并固定在返回舱的外壁上。通过将这两根信号线与推进舱上的对应线路插合形成信号回路,当两舱分离时插合脱离,回路断开,给出相应的分离信号。多次地面及飞行试验表明,这样的系统连接分离方案合理、可靠。

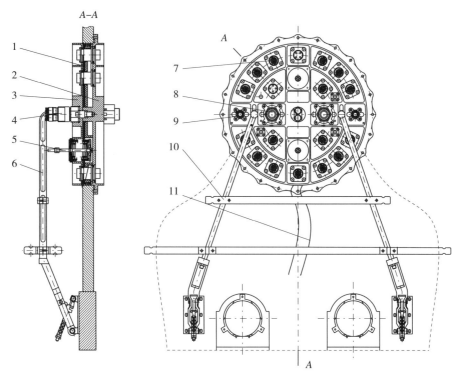

图 2-18 神舟号载人飞船返回舱与推进舱之间的侧面连接与分离

1—防热板；2—密封板；3—分离板；4—钢球锁；5—弹簧分离装置；6—四杆机构；

7—电路连接器；8—液路连接器；9—气路连接器；10—电缆搭杆；11—分离信号线

2.6.1.3 各组成部分的基本方案

在系统方案设计的基础上，对密封板、分离板及防热板的结构，连接器的安装方式，四杆机构，弹簧分离装置，钢球锁等进行了设计。

为保证密封板与各连接器及返回舱之间的密封连接，所有的端面密封均受内压作用，从而使密封圈始终处于压紧状态。密封板结构示意图如图 2-19 所示。

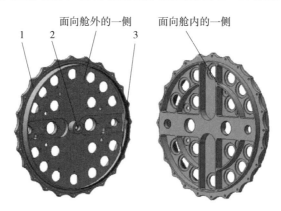

面向舱外的一侧   面向舱内的一侧

图 2-19 密封板结构示意图

1—密封板与返回舱之间的密封面；2—钢球锁安装孔；3—密封板与分离板之间的定位台阶

　　由于分离板直接裸露在空间环境中，为了避免因空间温度的影响而使其发生明显的热变形，分离板的材料选择热胀系数、导热系数均较低的钛合金材料，以避免返回舱的热量遭到显著损耗。分离板结构示意图如图 2-20 所示。

面向舱外的一侧　　　　　　　　面向舱内的一侧

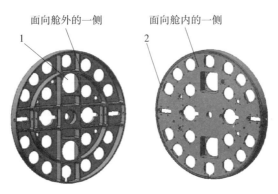

图 2-20　分离板结构示意图

1—弹簧安装孔；2—定位台阶

　　在返回舱返回过程中，通过防热板防止气动热直接作用到密封板上，进而避免因过热而导致密封板的密封失效或舱内温度过高。同时，在正常飞行时也可以阻止舱内外热量进行快速交换，避免返回舱内的热量损失。考虑到所有连接器都要穿过防热板，因此为保证各连接器的顺利穿过，同时避免因各连接器与防热板之间的缝隙过大而导致返回时可能的气动热作用到密封板上，要适当控制开孔的大小。防热板结构示意图如图 2-21 所示。

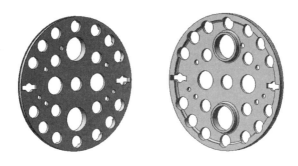

图 2-21　防热板结构示意图

（1）弹簧分离装置基本方案

　　弹簧分离装置的功能包括两部分，即克服分离过程中各连接器的拔脱阻力，并提供分离板及相应电缆、管路在分离过程中所需的动能。为了在有限的径向空间内提供所需的弹簧力及弹性势能，采用了组合弹簧，弹簧分离装置的结构示意图如图 2-22 所示。在确定弹簧刚度前，对所有的分离阻力，包括各种连接器的拔脱阻力、电缆管路的弯曲阻力以及温度、安装误差对阻力的影响等进行了测量和评估，确保弹簧力不小于阻力之和的 2 倍。在实际工程研制过程中，对弹簧力也进行了实测，同时保证弹簧力不会因弹簧的长期压缩而发生显著变化。

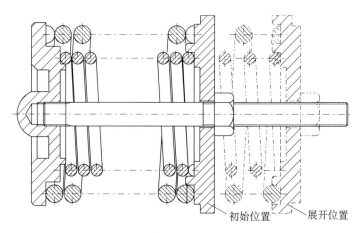

图 2 - 22　弹簧分离装置的结构示意图

（2）连接解锁装置基本方案

连接解锁装置采用钢球锁，它具有内外两套执行机构，可以通过高压燃气在两条不同路径的流动完成解锁任务，因此解锁可靠性较高。其结构组成示意图如图 2 - 23 所示，工作原理详见第 3 章 3.2.7 节。

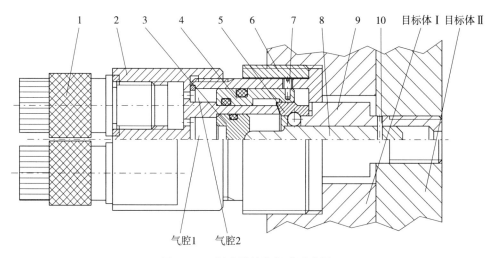

图 2 - 23　钢球锁结构组成示意图

1—起爆器；2—壳体；3—内活塞；4—外活塞；5—螺母瓣；6—压紧螺母；
7—剪切销 1；8—支撑轴；9—螺栓；10—剪切销 2

四杆机构组成示意图如图 2 - 24 所示，它由耳片、螺套、连杆、摆杆座、缓冲器、滑杆、支座和滑套等组成，是一种特殊的四杆机构[9-10]。其上端通过耳片上的"一字槽"与分离板相连，下端通过支座与推进舱侧壁相连。"一字槽"既可以适应返回舱与推进舱对接后轴向尺寸的高度误差，又可以满足分离板分离开始阶段所需要的水平运动要求。缓冲器为多孔薄壁结构，可以通过其压溃变形有效吸收分离板分离时的冲击能量[5]。

滑杆与滑套之间形成一种特殊的滑动副[11]。通过该滑动副可以使分离板分离时四杆

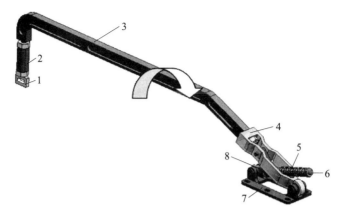

图 2-24　四杆机构组成示意图

1—耳片；2—螺套；3—连杆；4—摆杆座；5—缓冲器；6—滑杆；7—支座；8—滑套

机构转动自如。图 2-24 中的箭头的方向为分离板分离时四杆机构的转动方向，简称为正向运动。四杆机构沿相反方向转动时，称为反向运动。四杆机构沿反向运动时，滑套的受力状态如图 2-25 所示。

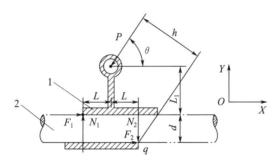

图 2-25　反向运动时滑套的受力状态

1—滑套；2—滑杆

由 $\sum X = 0$，$\sum Y = 0$，$\sum M_Q = 0$，得

$$\begin{cases} F_1 + F_2 - P\cos\theta = 0 \\ N_1 - N_2 - P\sin\theta = 0 \\ P \cdot h - 2L \cdot N_1 - F_1 \cdot d = 0 \end{cases} \tag{2-12}$$

式中，$\sum X$、$\sum Y$、$\sum M_Q$ 分别为沿 x 轴、y 轴的合力及对 q 点的合力矩；N_1、N_2 分别为滑杆对滑套的正压力；P 为滑套上转动副所受到的力；$F_1 = \mu N_1$，$F_2 = \mu N_2$；μ 为摩擦系数；L 为滑动副短边一侧的长度；h 为滑套、滑杆接触点 q 到力 P 作用线的距离；d 为滑杆的直径。

要使四杆机构分离后的反向运动锁止，必有 $F_1 + F_2 \geqslant P\cos\theta$。又因 $F_1 = \mu N_1$，$F_2 = \mu N_2$，可将式（2-12）化为

$$\begin{cases} \mu(N_1 + N_2) \geqslant P\cos\theta \\ N_1 = N_2 + P\sin\theta \\ P \cdot h = N_1(2L + \mu d) \end{cases} \qquad (2-13)$$

由式（2-13）可得

$$L \leqslant \frac{2\mu h - \mu^2 d\sin\theta - \mu d\cos\theta}{2(\cos\theta + \mu\sin\theta)} \qquad (2-14)$$

即，当 $L \leqslant \dfrac{2\mu h - \mu^2 d\sin\theta - \mu d\cos\theta}{2(\cos\theta + \mu\sin\theta)}$ 时，反向运动可靠锁止。

由式（2-14）可知，在满足强度和刚度要求的前提下，为使反向运动锁定可靠，设计时应使 L 尽可能小。

四杆机构沿正向运动时，滑套的受力状态如图 2-26 所示，同样由 $\sum X = 0$，$\sum Y = 0$，$\sum M_Q = 0$，可得

$$\begin{cases} F_1 + F_2 - P\cos\theta = 0 \\ N_1 - N_2 - P\sin\theta = 0 \\ Ph - 2L'N_1 + F_1 d = 0 \end{cases} \qquad (2-15)$$

式中，N_1、N_2、P、h、F_1、F_2、d 的意义同式（2-12），L' 为滑动副长边一侧的长度。

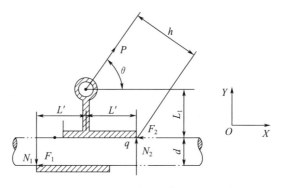

图 2-26　正向运动时滑套的受力状态

要使四杆机构能够沿正向运动，则必有 $F_1 + F_2 \leqslant P\cos\theta$，又因 $F_1 = \mu N_1$，$F_2 = \mu N_2$，则式（2-15）可化为

$$\begin{cases} \mu(N_1 + N_2) \leqslant P\cos\theta \\ N_1 - N_2 - P\sin = 0 \\ Ph - 2L'N_1 + \mu N_1 d = 0 \end{cases} \qquad (2-16)$$

由式（2-16）可得

$$L' \geqslant \frac{2\mu h - \mu^2 d\sin\theta + \mu d\cos\theta}{2(\cos\theta + \mu\sin\theta)} \qquad (2-17)$$

即，当 $L' \geqslant \dfrac{2\mu h - \mu^2 d\sin\theta + \mu d\cos\theta}{2(\cos\theta + \mu\sin\theta)}$ 时，四杆机构可沿正向运动。

由式（2-17）可知，L' 越大，导杆沿正向运动越可靠，所以，在空间尺寸允许的前

提下，设计时应使 L' 尽可能大。

为同时实现正向运动灵活，反向运动可靠锁止，必须使滑动副中滑套的尺寸 $L < L'$，一般应使 $4L \leqslant L'$。

滑套的一种结构形式如图 2 - 27 所示。

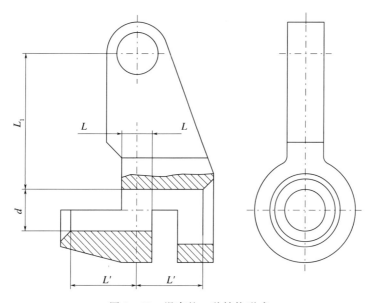

图 2 - 27 滑套的一种结构形式

（3）电缆搭杆基本方案

根据电缆和管路固定的需要，在连杆上设置相应的电缆搭杆，如图 2 - 28 所示。电缆搭杆相对连杆的具体位置，可在总装过程中根据电缆、管路的实际固定情况确定。

（4）润滑

为保证机构的运动灵活，所有活动部件采用固体润滑技术，在相应的零件表面涂覆 MoS_2 润滑膜。

2.6.1.4 连接分离方案的装配实施

为了保证各连接器的可靠插接，先安装位于密封板上的部分，保证各连接器与密封板之间的密封，一种典型的安装方式如图 2 - 29 所示。为保证密封可靠，在密封面的设计中使密封圈受内压，通过垫圈将连接器与密封板进行周向限位，避免在螺母拧紧过程中因连接器的旋转而使密封圈受损。

各连接器在密封板上连接、固定后，将防热板与密封板粘接、固定。在粘接前通过相应的堵盖将各连接器保护好，避免胶粘剂落入连接器相应的插孔中，从而影响电路的导通或对气路、液路造成污染。防热板粘接、固化后，将分离板与密封板对接、定位，通过钢球锁将二者连接、压紧，钢球锁对密封板和分离板的连接示意图如图 2 - 30 所示，钢球锁的螺栓头旋入密封板的螺孔中，而后通过锁母将钢球锁压紧在分离板上。

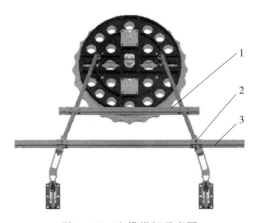

图 2-28　电缆搭杆示意图

1—电缆搭杆Ⅰ；2—电缆限位座；3—电缆搭杆Ⅱ

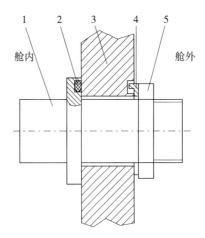

图 2-29　连接器在密封板上的一种典型安装方式

1—连接器；2—密封圈；3—密封板；4—垫圈；5—螺母

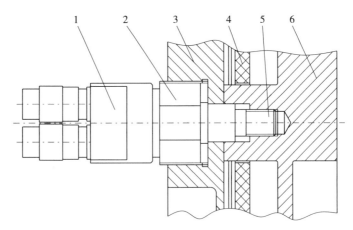

图 2-30　钢球锁连接示意图

1—钢球锁；2—锁母；3—分离板；4—防热板；5—螺栓头；6—密封板

分离板与密封板的连接完成后，将位于分离板上的各连接器逐个与密封板上的对应部分可靠插接，最后通过盖板把连接器的法兰压紧，实现连接器与分离板的固定。各连接器两部分之间的插合行程由密封板和分离板之间的距离保证。在各连接器与分离板固定过程中，要确保各连接器只受轴向力而不受径向力的作用。连接器与分离板的固定示意图如图2-31所示。在各连接器固定好后，安装弹簧分离装置。

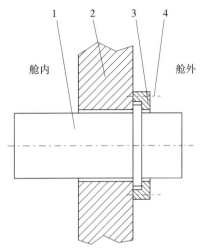

图 2 - 31　连接器与分离板的固定示意图

1—连接器；2—分离板；3—盖板；4—螺钉

通过相应的销子将四杆机构耳片上的"一字槽"与分离板连接，而后将已经安装好的组件（简称密封板组件）从返回舱内穿出，并通过相应的螺钉及密封圈实现密封板与返回舱的密封及固定连接。

通过四杆机构上的螺套实现连杆与耳片的连接，从而实现密封板组件与四杆机构的连接，通过四杆机构的支座实现其与推进舱的连接，而后将相应的电缆搭杆与连杆相连，再插接相应的电缆、管路，最后把电缆、管路与电缆搭杆固定、绑扎。为了减小分离过程中由于电缆和管路的弯曲而带来的附加弯矩，尽可能在电缆搭杆上平铺电缆和管路。为避免位于电缆、管路两端的插头与插座受到附加的横向力作用，保证电、气、液路连接的可靠性，电缆和管路根部的弯曲半径不宜过小。为了避免空间环境对电缆和管路产生影响，在其外部包覆热控多层。电缆和管路包覆、绑扎完毕后的情况如图2-32所示。

当两板分离时，钢球锁通电点火，在钢球锁解锁过程中的冲击力作用下，各连接器相互插合的两部分之间的拔脱力由静摩擦力转变为动摩擦力，从而显著变小，进而在弹簧分离装置的作用下可靠分离。由此可见，该连接分离系统解锁过程中的冲击力是有利于分离的，因此，要以一分为二的态度来看待火工装置解锁、分离过程中的冲击，从而利用其有利的一面，抑制其不利的一面，而不是一味地减小冲击力。

钢球锁解锁后螺栓头仍与密封板相连，钢球锁的其余部分与分离板相连，从而避免了分离过程中空间碎片的产生。

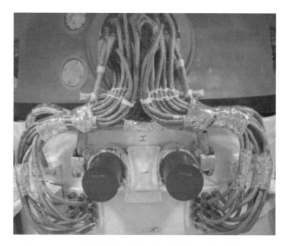

图 2-32　电缆和管路包覆、绑扎完毕后的情况

2.6.1.5　分析与验证

（1）安全性分析

用于密封板组件连接解锁的钢球锁是火工装置，因此，将其作为危险源进行控制。为保证钢球锁的安全性，其起爆器采用钝感起爆器，以有效避免钢球锁的误作动。在钢球锁贮存、运输过程中，对起爆器的桥丝采取短路保护措施，避免误起爆，同时将产品存放于专用防爆箱内，切实保证人员和产品的安全。对图 2-23 中螺栓上的钢球槽的外边缘进行局部挤压处理，使钢球槽外边缘由圆型变为椭圆型，从而有效防止解锁后钢球的飞出，保证相应人员、设备的安全。采用金属密封圈和 O 型橡胶密封圈相结合的密封方式，保证工作燃气不泄漏，避免其污染相邻设备。在钢球锁测试、安装、使用过程中采取相应的防静电安全措施，并由专人进行操作。

（2）故障模式及其影响分析

在不同飞行阶段，对该连接分离系统各组成部件可能的故障模式及其影响进行分析，并对影响结果进行评价。根据评价结果，采取适当的改进措施，把影响结果控制在可接受的范围内。故障模式分析过程及分析结果本书不作介绍。

（3）连接分离性能仿真分析

根据各组成部件的三维实体模型，建立装配体的实体模型，定义相应的运动副。进而根据各部件的连接或分离力的大小，结合电缆、管路的质量及弯曲特性，对连接、分离过程进行仿真。根据仿真结果确定必要的改进措施，对设计方案进行相应的完善。

（4）测试覆盖性分析

根据各项性能要求，分析各性能指标的可测试性及测试时机，对于不可测试的项目，确定相应的分析手段，为产品性能的全面把握奠定基础。

（5）指标符合性分析

通过上述分析，将产品性能的分析结果与要求值进行对比，给出符合与否的结论。对于不符合要求的项目给出后续解决措施，对于那些在给定条件下，无法满足要求的项目，给出详细的原因说明以及相应的应对措施，供上级设计师决策。

（6）试验验证

该连接分离系统的测试和验证项目主要包括各连接器装配后分离阻力的合力测试、漏率测试、电缆和管路的弯矩测试、火工装置的承载及解锁阻力测试、弹簧分离力测试、导通测试、组件装配后的力学试验、真空热试验及真空分离试验等。通过这些试验充分验证产品的连接、分离性能以及其对空间环境的适应性。

2.6.2　嫦娥三号巡视器与着陆器连接分离方案设计

2.6.2.1　连接分离方案设计要求

嫦娥三号探测器系统由着陆器和巡视器（又称月球车）组成。在发射段（主动段）、地月转移段、环月段和动力下降段等飞行阶段，巡视器被压紧在着陆器的顶部。当着陆器通过着陆缓冲机构在月面安全着陆后[5]，连接解锁装置解锁，巡视器被释放，同时在抬升机构的作用下，车轮被抬升，在导向装置的引导下，巡视器自主行走到转移机构上，最终通过转移机构将巡视器从着陆器顶部转移到月面，以便巡视器进行相应的探测活动。

巡视器与着陆器之间连接解锁的具体功能要求如下：

1）连接锁紧。在发射段（主动段）、地月转移段、环月段、动力下降段及着月段，将巡视器可靠压紧在着陆器的顶部，承受各阶段的载荷，并在各阶段对巡视器的车轮施加一定的约束，防止其自由转动。

2）解锁释放。着陆器在月面安全着陆后，能按指令要求将巡视器的连接解除，完成解锁。

3）巡视器抬升。巡视器解锁后，将巡视器车轮抬升一定高度，以保证分离界面上的残留部分不对巡视器的正常行走产生干涉。

4）行走导向。引导巡视器在着陆器顶部沿正确方向行驶，并保证巡视器车体不与着陆器顶板直接接触。

连接锁紧、解锁释放、巡视器抬升及行走导向功能均有具体的技术指标要求，以便于性能评价。另外，还会给出巡视器及连接分离装置的质量（重量）、连接面的可靠性、温度环境、机械接口、电接口等技术要求。对于这些具体的技术要求本书不作介绍。

巡视器与着陆器顶板的连接示意图如图 2 - 33 所示。

2.6.2.2　任务分析与系统设计

根据连接锁紧功能的要求，考虑到车轮的柔性及其相对车身的可旋转性，同时考虑车体的承载特点，设置专门的巡视器支架支撑巡视器车体，并通过 4 套车体连接解锁装置实现车体与巡视器支架的连接与解锁，以避免连接锁紧状态下车轮因受到明显的载荷作用而发生塑性变形。6 个车轮分别通过独立的车轮压紧释放装置与巡视器支架压紧。在 6 个车轮的底部，设置 6 套独立的抬升装置，将解锁后的车轮抬升，进而将车体抬升一定高度，为巡视器的安全驶离创造条件。同时设置相应的车轮导向装置以及巡视器行驶轨道，保证巡视器顺利驶离着陆器顶板。

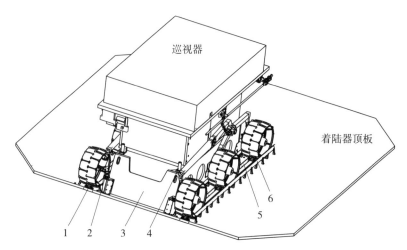

图 2-33　巡视器与着陆器顶板的连接示意图

1—抬升机构（6套）；2—车轮压紧释放装置（6套）；3—巡视器支架；

4—车体连接解锁装置（4套）；5—轨道；6—导向装置

　　巡视器连接分离系统组成包括：1个巡视器支架、4套车体连接解锁装置、6套车轮压紧释放装置、6套车轮抬升机构、2套导向装置以及2根轨道，如图2-34所示。

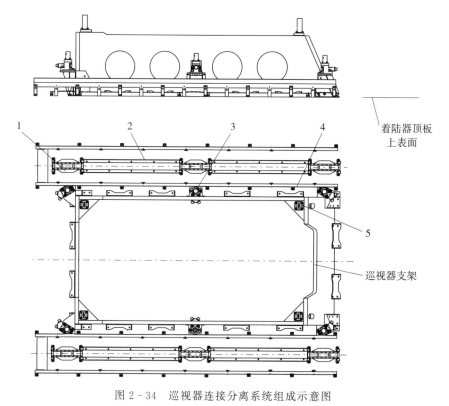

图 2-34　巡视器连接分离系统组成示意图

1—抬升机构（两侧各3套）；2—轨道（两侧各1根）；3—车轮压紧释放装置（两侧各3套）；

4—导向装置；5—车体连接解锁装置（两侧各2套）

巡视器连接分离系统的工作模式如下：月球探测器在月面着陆前，4 套车体连接解锁装置始终将巡视器可靠压紧在位于着陆器顶部的巡视器支架上。位于巡视器支架上的 6 套车轮压紧释放装置分别将对应的车轮可靠压紧，布置在着陆器顶板上的 6 套抬升机构在车轮作用下处于压缩状态，并分别对 6 个车轮进行限位，防止其转动。月球探测器在月面着陆后，车轮压紧释放装置按指令要求解锁，而后车体连接解锁装置解锁，从而将巡视器完全释放，与此同时 6 套抬升机构将巡视器抬升至预定高度。随后在轨道和导向装置的辅助下，巡视器从着陆器顶板自主行驶到转移机构上，通过转移机构巡视器被转移至月面，如图 1 - 7（b）、图 1 - 7（c）所示。

2.6.2.3　各部件基本方案

（1）巡视器支架基本方案

巡视器支架由 4 块侧板组成，其结构示意图及其在着陆器顶板上的连接示意图如图 2 - 35（a）、图 2 - 35（b）所示，4 块侧板均为铝蜂窝夹层板。考虑到质量限制，在侧板上开了许多减重孔。在巡视器支架上表面的 4 个顶点附近，安装车体连接解锁装置，通过巡视器支架下表面的 4 个顶点及相应的辅助角条与着陆器本体结构相连，并根据需要，通过多种方式提高巡视器支架结构的刚度。同时巡视器支架下表面的 4 个顶点还作为巡视器前后 4 个车轮压紧释放装置的安装点。巡视器另外两个车轮的压紧点布置在两个侧板外表面的中间位置。

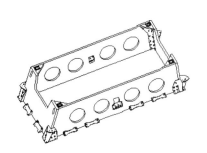 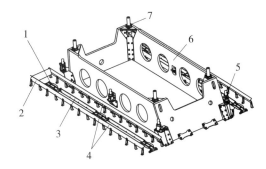

　　(a) 巡视器支架结构示意图　　　　　　　(b) 巡视器支架在着陆器顶板上的连接示意图

图 2 - 35　巡视器支架及其与着陆器顶板连接示意图

1—抬升机构（两侧各 3 套）；2—车轮挡板（两侧各 1 个）；3—轨道（两侧）；4—导向装置；
5—车轮压紧释放装置（两侧各 3 套）；6—巡视器支架；7—车体连接解锁装置（两侧各 2 套）

（2）车体连接解锁基本方案

车体连接解锁装置选用火工解锁螺母，它具有安装操作方便、解锁冲击相对较小等优点。通过火工解锁螺母与压紧组件的配合实现车体与巡视器支架的连接解锁，如图 2 - 36 所示。压紧组件通过法兰与巡视器底板相连，解锁螺母通过法兰与巡视器支架相连。压紧组件中锁杆的外螺纹旋入解锁螺母的内螺纹中，锁杆中部设有限位台阶，当螺纹旋到一定位置时，限位台阶与车身底板刚性接触，此时通过施加一定的拧紧力矩实现巡视器和着陆器的可靠连接。在巡视器支架上，紧邻解锁螺母壳体前端处设有圆柱形凸台，横向载荷由此凸台承受，从而避免压紧组件承受横向载荷，以保证其可靠解锁。着陆器在月面着陆后，需要释放巡视器时，解锁螺母的起爆器点火工作，螺母瓣向外张开，解除对压紧组件中锁杆的约束，锁杆在分离弹簧的作用下被向上拔出，从而完成解锁释放。压紧组件始终连接在巡视器底部，从而避免在月面上产生垃圾碎片。

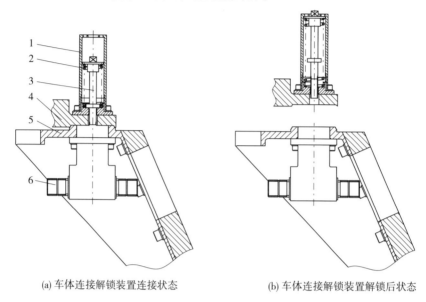

(a) 车体连接解锁装置连接状态　　　　　　　(b) 车体连接解锁装置解锁后状态

图 2 - 36　车体连接解锁装置应用示意图

1—压紧组件；2—分离弹簧；3—锁杆；4—巡视器结构；5—巡视器支架；6—解锁螺母

（3）压紧组件基本方案

压紧组件主要由连接法兰、外筒、锁杆及分离弹簧组成，如图 2 - 37 所示。其中锁杆的螺纹部分旋入螺母，直接承受巡视器与着陆器之间的连接载荷。解锁螺母解锁后，锁杆在弹簧的弹力作用下向外筒的端部运动，解除与螺母瓣的啮合，直至其与外筒端部接触为止，此时锁杆伸出连接法兰的长度小于巡视器底板厚度，不会对巡视器的移动产生影响。为保证压紧可靠，锁杆具有足够的强度裕度。

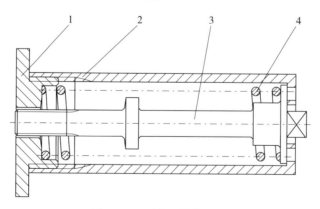

图 2 - 37　压紧组件装配图

1—连接法兰；2—外筒；3—锁杆；4—分离弹簧

（4）车轮压紧释放基本方案

车轮压紧释放采用切割器与压紧杆组合的方式实现，压紧释放组件包括压紧杆、压缩弹簧、切割器、方螺母、压紧座、压紧帽、收纳筒、缓冲垫等，如图 2-38 所示。压紧时，压紧杆的螺纹端旋入压紧座方螺母的内螺纹中，通过对压紧杆施加一定的拧紧力矩即可实现巡视器车轮与着陆器的可靠连接。压紧座设有梯形槽，压紧时该梯形槽和巡视器车轮上的梯形凸台相匹配，实现车轮的转动约束。当着陆器在月面着陆后，需要释放巡视器时，火工切割器点火工作，切断压紧杆，从而将车轮释放，同时压缩弹簧将压紧杆抬起，使其完全进入巡视器车轮压紧表面内，避免其妨碍巡视器的正常行驶，其中的缓冲垫用来缓冲相应的解锁冲击。

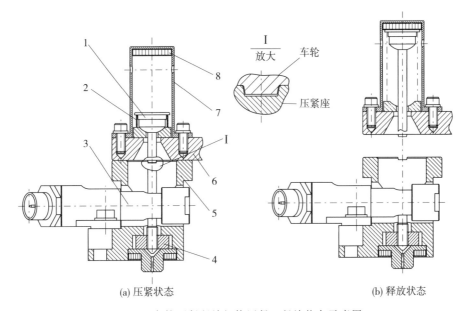

(a) 压紧状态　　　　　　　　　　　　　　(b) 释放状态

图 2-38　车轮压紧释放机构压紧、释放状态示意图

1—压紧杆；2—压缩弹簧；3—切割器；4—方螺母；5—压紧座；6—压紧帽；7—收纳筒；8—缓冲垫

（5）抬升装置基本方案

巡视器解锁释放后要将车体抬升一定高度，以便巡视器的可靠移动。为满足以上要求，在巡视器 6 个车轮与着陆器顶面接触的部位设置了板簧，当车轮处于压紧状态时，板簧被压弯，车轮下沉。车轮解锁释放后，在板簧弹力的作用下巡视器车轮抬升，进而将车体抬升一定高度，抬升原理如图 2-39 所示。

为了增大板簧与车轮之间的摩擦力，在板簧与车轮接触面设置了相应的啮合齿，以便在上坡状态也能保证巡视器的可靠行走、驶离。

（6）导向基本方案

导向包括纵向导向和横向导向。为保证巡视器解锁释放后，能沿预定的行驶方向安全行驶到转移机构上，因此在着陆器顶板上安装了轨道和导向装置，如图 2-35（b）所示。在左右两侧安装两组相互平行的轨道，轨道与图 2-39 所示的板簧之间为无缝过渡。为了

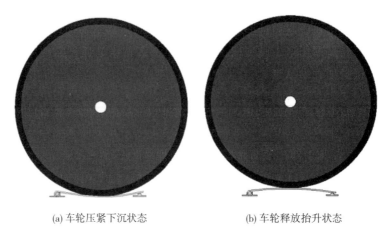

(a) 车轮压紧下沉状态　　　　　　　(b) 车轮释放抬升状态

图 2-39　车轮抬升原理

增大轨道与车轮之间的摩擦力，在轨道与车轮接触面设置啮合齿。

　　导向装置一方面保证解锁后的巡视器在横向不发生严重偏移，另一方面保证巡视器驶离着陆器的过程中能保持正确方向。导向装置安装在巡视器车轮两侧，可以防止巡视器在极限侧倾姿态下与巡视器支架侧板发生刮蹭。导向装置与巡视器车轮相对位置关系如图2-40所示。为保证导向有效，车轮侧面光滑、无突出物。

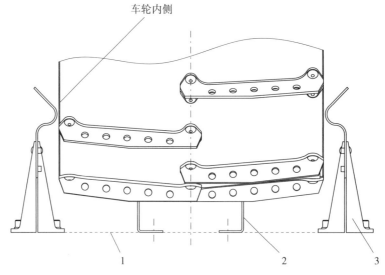

图 2-40　导向装置与巡视器车轮的相对位置关系

1—着陆器顶板；2—轨道；3—导向装置

2.6.2.4　分析与验证

（1）力学分析

　　根据各飞行阶段预期的加速度过载、目标体质量特性等参数，对巡视器支架、车体连接解锁装置、抬升板簧等进行受力分析，确保其强度裕度[11]满足要求。

（2）可靠性分析与预计

巡视器连接解锁可靠性模型如图 2-41 所示。图中，R_1 为结构部分的可靠度，R_2 为 4 套车体连接解锁装置串联可靠度，R_3 为 6 套车轮压紧释放装置串联可靠度，R_4 为 6 套抬升机构串联可靠度。

图 2-41 巡视器连接解锁可靠性模型

依据图 2-41，巡视器连接解锁的可靠性数学模型可表示为

$$R = R_1 \times R_2 \times R_3 \times R_4$$

式中 R——巡视器连接解锁可靠度。

根据上述模型，可以对飞行阶段、月面工作阶段的可靠性进行预计。

故障模式及其影响分析、安全性分析、连接分离性能仿真分析、测试覆盖性分析、指标符合性分析等的基本方法与 2.5.1 节相似，这里不再赘述。

（2）试验验证

对于该连接分离面的试验，主要包括车体连接解锁装置承载力试验、车体连接解锁装置解锁试验、车轮压紧杆承载试验、压紧杆切割试验、巡视器抬升及行走导向试验、力学环境试验、低温分离试验等。通过这些试验，可对产品的连接、分离性能及其对空间环境的适应性进行验证。

2.6.3 太阳翼压紧释放方案设计

2.6.3.1 太阳翼结构及功能特点

太阳翼，即可展开的太阳电池阵，是目前大多数航天器在轨飞行时所需电能的供给装置，是航天器在轨工作过程中所必需的重要设备。它通过铺贴在其一侧的太阳电池片的光伏发电效应产生电能。目前，最常见的太阳翼是刚性太阳翼，它由多块通过铰链串联在一起的刚性基板组成。基板结构通常为轻质、高刚度的夹层平板结构，一般以蜂窝或其他轻质材料为芯层，以碳纤维复合材料薄板为蒙皮粘接而成。

在航天器发射过程中，多块太阳翼基板要以折叠收拢的形式通过多个压紧点可靠压紧在航天器上，以满足运载的包络要求，并承受发射载荷，入轨之后展开成平板结构，以获得较大的展开面积，同时，通过位于太阳翼根部的驱动组件的运动，使太阳翼铺贴电池片的一侧正对太阳，以充分发挥电池片的供电能力。

2.6.3.2 太阳翼压紧释放功能要求

太阳翼压紧释放的基本功能要求是太阳翼基板的可靠压紧以及可靠释放。

可靠压紧是指在航天器发射过程中，压紧释放装置以足够大的压紧载荷将太阳翼压紧在航天器上，保证太阳翼收拢状态的基频满足要求，且不会因为航天器所受的振动载荷而使太阳翼损坏。

可靠释放是指在航天器入轨后，压紧释放装置能可靠地将太阳翼释放，为太阳翼顺利展开创造条件，以便为航天器在轨工作提供相应的电能。一旦太阳翼无法释放，那么太阳翼就无法展开并正常发电，航天器也就无法正常工作，甚至连基本的存活都难以维持，因此要特别重视太阳翼压紧释放的可靠性。

2.6.3.3 压紧点的布置

刚性太阳翼基板的质量通常都非常小，结构强度的裕度不大，但单张基板的面积较大，因此，通常需要设置多个压紧点才能将其均匀压紧，以保证收拢状态的太阳翼具有足够的刚度，来承受航天器发射段的各种载荷。

太阳翼压紧点的布置要考虑以下两个因素：

1）压紧点的数量要合理。压紧点的数量既不能过多，又不能过少，以免使太阳翼释放的可靠度过低，或太阳翼压紧状态的刚度难以保证。

2）压紧点的位置要合理。压紧点要尽可能布置在航天器结构刚度较高的区域，这样，既能保证太阳翼收拢状态的刚度（即收拢状态基频），又能保证航天器发射阶段太阳翼基板上各个压紧点处的应力偏差不致过大，从而有效避免或减少相应的局部加强，进而减小基板的质量。另外，当采用压紧杆实现太阳翼压紧时，压紧点与铰链转动轴线之间的距离不应过小，以避免在太阳翼展开过程中压紧杆与基板发生干涉，从而导致太阳翼无法完全展开。但当使用绳索实现太阳翼压紧时，即使其压紧点距铰链转动轴线较近，也不会影响太阳翼的展开。而当使用金属带实现太阳翼压紧时，其压紧点更适合布置在基板的边缘，有时恰好位于铰链转动轴线附近，同样也不会影响太阳翼的展开。在压紧点的实际布置过程中，有时难以同时满足上述要求，此时就需要在太阳翼和航天器结构之间进行权衡，选择一种总体代价较小、各方都能接受的布置方案。

2.6.3.4 压紧方案

图 2-42 所示为某卫星太阳翼收拢状态的压紧示意图。该太阳翼由 3 块基板，即内板、中板、外板，和一个连接架组成，采用了 6 套压紧杆式的压紧释放装置实现太阳翼的压紧，即共有 6 个压紧点。

压紧杆式压紧释放装置的组成示意图如图 2-43 所示。压紧释放装置包括火工切割器、底部螺母、压紧座、压紧杆、板套、垫圈、顶部螺母、压紧盖等。在太阳翼的连接架、内板、中板和外板的压紧点处均安装板套，压紧杆下端穿过板套的中心孔与压紧座的底部螺母拧紧，压紧杆的上端通过垫圈与顶部螺母拧紧在外板上，并采用压紧盖将压紧杆约束在外板上，以免压紧杆被火工切割器切断后脱离外板的约束而成为空间碎片，进而危及航天器的在轨安全。

一般情况下，在压紧杆被火工切割器切断后，它将随着外板的展开先后从压紧座、连接架、内板、中板和外板的板套孔中拔出。在相应铰链弹簧以及联动绳的作用下，连接架及各太阳翼基板依次展开。

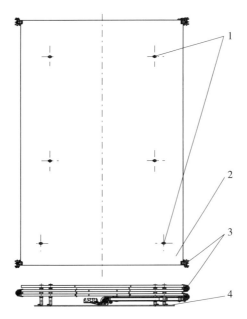

图 2-42　某卫星太阳翼收拢状态的压紧示意图

1—压紧点；2—太阳翼基板；3—太阳翼铰链；4—卫星侧壁

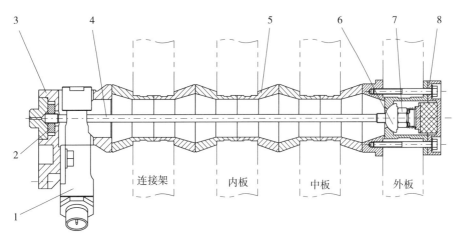

图 2-43　压紧杆式压紧释放装置的组成示意图

1—火工切割器；2—底部螺母；3—压紧座；4—压紧杆；5—板套；6—垫圈；7—顶部螺母；8—压紧盖

2.6.3.5　分析和试验

分析和试验也紧紧围绕着太阳翼的可靠压紧和可靠释放这两个基本要求进行。

对于压紧功能的分析和验证，通常分析太阳翼每个压紧点在航天器发射段的载荷，确保压紧释放装置能够提供的预紧力大于该载荷，且要留有一定的裕度，一般要求裕度不小于 0.25。在试验验证方面，对于成熟的设计方案，可以直接通过整翼收拢状态的振动试验对压紧功能进行验证。对于不成熟的设计方案，可以先通过单个压紧点的等效振动试验进行验证，然后再通过整翼的振动试验进行验证。

对于释放功能的分析和验证，常通过运动分析、干涉检查、相应的力学分析等进行分析和验证，然后模拟实际的压紧工况，通过真实的试验件进行释放功能的验证。可靠释放是太阳翼的核心功能之一，因此相应的压紧释放装置通常还要完成释放可靠性试验验证。

参 考 文 献

［1］ 王萌，周志涛，林德贵，等．某型火工解锁装置降冲击设计与试验验证［J］．航天器环境工程，2015，32（6）．

［2］ 李新立，满剑锋，吴琼，等．一种火工分离螺母释放可靠性验证试验方法［J］．航天器工程，2014，23（4）．

［3］ 杨建中，曾福明，娄汉文，等．"神舟"号飞船返回舱-推进舱之间弹簧分离装置研究［J］．载人航天，2007（1）．

［4］ CONLEY P. L. Space vehicle mechanisms：elements of successful design［M］．New York：John Wiley & Son Inc.，1997.

［5］ 杨建中．航天器着陆缓冲机构［M］．北京：中国宇航出版社，2015.

［6］ YANG J Z，WU Q，MAN J F，et al. Reliability design for the landing gear of Chang'E - 3 probe ［J］. Journal of Donghua University（Eng. Ed.），2015，32（6）.

［7］ 曾国强，任萱，贾沛然．载人航天器低空应急救生分离时刻计算［J］．中国空间科学技术，2000，20（3）．

［8］ 唐飞，滕弘飞，刘峻，等．带作用力约束的二维装填布局问题——航天器中复杂插座板上插孔的布局优化设计［J］．宇航学报，2000，21（2）．

［9］ 杨建中，娄汉文，满剑锋，等．一种航天用特殊四杆机构［C］．空间飞行器总体技术学术交流会文集，2000.

［10］ 杨建中，曾福明，满剑锋．一种用于航天器的平面四杆机构［P］．中国专利：ZL200610120163.9.

［11］ 于登云，杨建中，等．航天器机构技术［M］．北京：中国科学技术出版社，2011.

［12］ 娄汉文，杨建中．神舟飞船舱段之间连接分离方案［J］．航天器工程，2004，13（4）．

［13］ 刘竹生，王小军，朱学昌，等．航天火工装置［M］．北京：中国宇航出版社，2012.

第 3 章　火工装置

3.1　概述

火工装置是当前航天器上应用最广泛的连接分离装置，也是一类典型的航天器机构[1]，它一般具有结构简单、体积小、质量小、功耗少、作动快、单位质量可提供的分离能量大、贮存寿命长、对空间环境的适应性强、可靠性高等优点。到目前为止，其他任何一种连接分离装置都不能像火工装置这样，在实现可靠连接的同时，可以根据指令要求实现快速、可靠解锁或分离[2]。尽管其作动（解锁分离）时的冲击较大，且只能一次性工作，由此导致用于飞行试验的产品的性能无法直接通过地面试验全面检验，并且在生产、运输、使用等过程中的安全性要求也很高，但由于其优良的综合性能，因此从其诞生至今的数十年内，一直受到航天器连接分离设计师的青睐。

针对火工装置在解锁、分离过程中的冲击问题，许多学者及工程技术人员开展了大量的研究工作，分别从缓冲其作动末端的冲击、改变冲击传递路径等方面入手加以解决[3-5]，但由于火工装置作动过程的特点，即通过火药瞬时燃烧产生的高压燃气，推动活塞运动，实现相应的解锁、分离，在极短的时间内火工装置相关部件由静止到快速运动，又从快速运动到静止的运动状态的显著变化，必然会导致较大的冲击。另外，对于具有连接功能的装置，由于解锁过程中连接件弹性势能的瞬时释放会进一步增大冲击，因此，冲击较大是火工装置的一种固有特性，降低火工装置作动时的冲击，不是一件容易的事，工程研制实践也证实了这一点。

与其他航天器机构不同，在火工装置作动过程中，它的某些零部件必然会损毁，如起爆器、主装药、某些用于活塞等定位的剪切销、用于降低作动冲击的缓冲垫等，同时，某些零件还可能伴随着相应的结构变形，所以就任一火工装置整个产品而言，只能工作一次，不能重复使用，因此，用于飞行试验的产品的性能只能采用旁证的方式进行验证，即按相应的规范要求[6]，在同批生产的产品中抽取规定数量的试验件进行验证，用间接的试验结果来证明所关注的产品的性能是否满足要求。该方法的前提是产品的生产质量稳定，同批次或不同批次的产品性能一致。在工程研制中做到这一点是不容易的，需要在产品生产过程中进行严格的、量化的质量控制，并做好详尽的记录，以便对产品的一致性作出准确评判。值得庆幸的是，在火工装置技术研究发展过程中，已经形成了一套行之有效的质量管理方法，技术的继承性和质量管理的有效性，使得火工装置的性能越来越可靠，一致性越来越好。

火工装置的结构简单、功能可靠、应用历史长，与其已在空间使用的数量相比，因其功能失效而导致飞行计划失败的次数并不多[7]。在很多人看来火工装置技术已经成熟，它的研制似乎已没有太大的技术难度，有限的几个设计师就可以开展相应的产品设计。事实上，影响火工装置性能的因素很多，产品设计所需的专业跨度很大，新产品的研发风险依旧很大。几乎每一个火工装置新产品的开发都会在地面研制过程中遇到新问题，特别是由于火工装置的作动而对其他设备产生影响的情况时有发生。在 20 世纪 80 年代，美国曾多次出现因火工装置故障而导致飞行计划推迟、部分任务失败的情况。在我国航天器研制的初期，也曾在地面多次出现火工装置解锁、分离失败的情况，还曾发生过人员伤亡的重大事故。在火工装置的研制过程中，特别是在装药调试过程中，一定要注意人身安全。经过数十年的发展，当前对于火工装置的生产、装配、试验、运输及应用等环节应注意的安全问题，已经形成了完善的标准体系[8-9]，设计师在设计新的火工装置时，应首先了解这些标准，以避免违反安全性基本要求的情况出现。因此，对于火工装置的研制，既不能盲目自信，以避免由此导致的设计或工艺缺陷，也不要过于畏惧，不能因无法直接验证火工装置的性能而认为其性能不可控、不可知。正确合理的设计方案、完善有效的工艺措施、全面系统的生产过程质量管理、正确的安装操作与使用是保证火工装置最终性能满足使用要求的有效手段。

　　火工装置性能是否可靠往往直接关系着整个航天器飞行计划的成败。为了全面考核火工装置的可靠性，需要在地面开展可靠性专项试验。随着产品更新换代速度的加快，基于传统计数法的可靠性试验与评估方法，不论是其所需的大量样本的加工费用，还是其所需的漫长验证时间，都是当前航天器工程研制难以承受的。因此，目前常针对火工装置的功能及作动特点，选取相应的特征量，依据小样本可靠性相关理论，进行可靠性验证及数据评估，这样不仅可以显著减少样本的数量，而且可以显著缩短试验周期，大大降低试验成本[10-11]，显著提高综合效益。

　　本章首先介绍火工装置的类别及特点，在此基础上介绍火工装置在设计、制造、试验及应用过程中应注意的问题，最后给出火工装置设计实例，以指导火工装置的研制工作。

3.2　火工装置的类别及应用

　　最常用的火工装置的分类方法是按其结构及功能特点进行分类，这种分类方法有利于理解和掌握火工装置的特性。近年来，虽然新的火工装置不断诞生，但其基本类别变化不大，因此，了解这些类别，掌握其结构特点及工作原理对于火工装置的正确选择与使用，或新型火工装置的研发都是非常重要的。

3.2.1　爆炸螺栓

　　爆炸螺栓是航天器上使用最早的火工装置之一，就连接功能而言，爆炸螺栓的工作原理与普通螺栓相同。二者的不同之处在于，爆炸螺栓除了可以实现连接外，还可以实现解锁，即解除连接。根据解锁的原理不同，可以把爆炸螺栓分为沟槽式爆炸螺栓和剪切销式爆炸螺栓。

3.2.1.1　沟槽式爆炸螺栓

　　沟槽式爆炸螺栓的优点是结构组成简单、承载能力大、尺寸小、质量小、使用方便。可以通过爆炸螺栓方便地将目标体连接起来。图 3-1 所示为一种沟槽式爆炸螺栓。它主要由起爆器、主装药和螺栓体组成。在螺栓体的侧壁上开有周向凹槽，称之为剪切槽，与螺栓体的其他部分相比，剪切槽处的横截面积明显较小，因此该处的承载能力显著降低。当两个目标体需要解锁时，起爆器通电工作，引燃主装药，在燃气压力的作用下，螺栓体在剪切槽处断开，从而实现两个目标体的解锁。

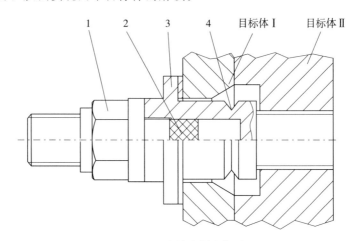

图 3-1　沟槽式爆炸螺栓

1—起爆器；2—主装药；3—螺栓体；4—剪切槽

在螺栓体断裂的同时，火药燃烧产生的有害气体将直接排放到螺栓体的外部，对周围环境造成较大污染，因此，在室内试验时要特别注意通风，以免对试验人员造成伤害。

以上述爆炸螺栓为基础，工程技术人员又提出了密封型爆炸螺栓[12]，其结构示意图如图 3-2 所示，这种爆炸螺栓与上述沟槽式爆炸螺栓的使用方式相同，但结构组成稍有不同，增加了带有密封圈的活塞顶杆。当两个目标体需要解锁时，火药燃烧产生的燃气压力通过活塞顶杆作用到螺栓体上，使剪切槽处受到的轴向拉力增大，当该拉力超过截面的承载能力时，螺栓体便从剪切槽处断裂，实现两个目标体的解锁。从图 3-2 可以看出，由于活塞是密封的，火药燃烧后的气体不会明显泄漏，所以对外界造成的污染很小。

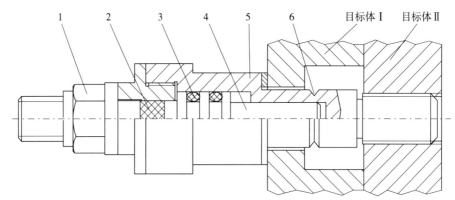

图 3-2　密封型爆炸螺栓

1—起爆器；2—主装药；3—密封圈；4—活塞顶杆；5—螺栓体；6—剪切槽

沟槽式爆炸螺栓的设计比较简单，主要是解决结构强度与火药燃气压力的匹配问题，保证连接时螺栓体能够承受相应的载荷，且不会因预紧力及其他载荷的共同作用而屈服或断裂，同时保证解锁时，螺栓体在火药燃气压力的作用下能够在剪切槽处可靠断开。为了达到上述目的，必须严格控制螺栓体的材料强度、剪切槽的截面尺寸精度及装药量。

根据上述爆炸螺栓的工作原理可知，在连接状态时必须保证沟槽式爆炸螺栓结构的完整性。而在解锁时，螺栓体又必须可靠断裂，所以其解锁时火药燃气产生的驱动力必须大于连接力，解锁所需的装药量裕度较大，因此，爆炸螺栓解锁时产生的冲击较大，而且在其爆炸断裂的过程中还可能会产生碎片。随着新型低冲击、高可靠火工装置的出现，目前爆炸螺栓在航天器上的独立应用越来越少，常作为某个连接分离装置的解锁部组件使用，如图 3-12 所示的双啮合锁Ⅰ。

3.2.1.2　剪切销式爆炸螺栓

剪切销式爆炸螺栓，简称为剪切销螺栓，其基本组成如图 3-3 所示，主要由起爆器、套筒、活塞、剪切销、螺栓体等组成，有时也包括主装药。由图 3-3 易知，其连接力的大小取决于剪切销的抗剪切能力，因此，其连接力较小。此外，它既可以实现连接，又可以实现解锁分离，常用于小部件的连接与分离。在采用剪切销螺栓实现连接时，其使用方法与普通螺栓相似。当两个目标体需要解锁分离时，起爆器发火，产生的燃气压力推动活塞运动，进而推动螺栓体剪断剪切销，解除螺栓体与套筒之间的约束，实现目标体的解锁。随着活塞在套筒内的继续滑动，螺栓体也进一步运动，最终实现两个目标体的分离。

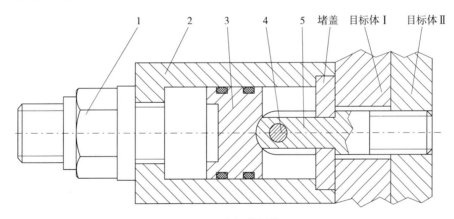

图 3-3　剪切销螺栓

1—起爆器；2—套筒；3—活塞；4—剪切销；5—螺栓体

为防止解锁过程中活塞飞出以及解锁后套筒在空间自由飞行，从而形成空间碎片，要设法将套筒压紧在其中一个目标体上。另外，为了防止剪切销在剪切销螺栓拧紧过程中因周向受剪而损坏，可以在套筒底部增加一个堵盖，堵盖的内孔和外径分别带有内、外花瓣，并分别与套筒和螺栓体周向固定。这样通过堵盖可以有效地限制剪切销螺栓在拧紧过程中套筒与螺栓体之间的转动，进而避免安装过程中剪切销因周向受剪而损坏。

由于剪切销螺栓的连接和解锁都是通过剪切销实现的，因此，它的连接力与解锁力大小相等。与爆炸螺栓相比，在连接力相同的前提下，剪切销螺栓解锁时的冲击要小得多。

3.2.2 钢球螺栓

钢球螺栓的基本组成如图3-4所示，包括起爆器、主装药、套筒、密封圈、活塞、钢球、弹簧和螺栓体等。它通过活塞、螺栓体及套筒对钢球的约束实现目标体间的连接，连接力较大。解锁时活塞在由起爆器及主装药产生的燃气的压力作用下，克服与钢球及套筒之间的摩擦力以及弹簧阻力，向右移动，当活塞上的凹槽与相应的钢球位置一致时，活塞对钢球的径向约束解除，钢球在挤压力的作用下，向套筒轴线方向滑落，解除套筒及螺栓体之间的运动约束，从而实现两个目标体的解锁。

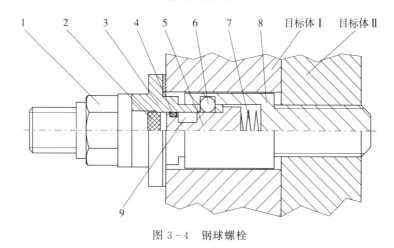

图3-4　钢球螺栓

1—起爆器；2—主装药；3—套筒；4—密封圈；5—活塞；6—钢球；7—弹簧；8—螺栓体；9—凹槽

为了防止在振动、冲击等环境中，活塞出现误动作，进而导致钢球螺栓的误解锁，可通过弹簧把活塞压紧到套筒的端面。此处的弹簧虽然可以用剪切销替代，但是剪断剪切销的力一般远大于弹簧的压力，而且，前者与后者相比其离散性要大得多，从而可能会导致钢球锁的解锁阻力增大。当然，剪切销的质量比弹簧小。

与剪切销螺栓相似，在使用时为了便于钢球螺栓的预紧，应在套筒与螺栓体之间设置周向定位槽，以防止在预紧过程中套筒与螺栓体之间相对转动，确保有效预紧。

钢球螺栓的连接力较大，所需的解锁力较小，体积和质量一般也比较小，特别适合小型部件的连接与分离。

3.2.3 拔销器

拔销器用来拔出固定目标体的销子，解除对目标体的约束，因此它一般仅用于目标体的解锁。图3-5所示为一种典型的拔销器[13]，它包括保护盖、缓冲材料、带有销子的活塞、起爆器、剪切销、相应的密封圈以及壳体等。在连接状态时，目标体需通过销子固定。需要解锁时，起爆器发火，在火药燃气压力的作用下，剪切销被剪断，活塞带动销子左移，从而解除对目标体的约束，实现目标体的解锁。为了防止带有销子的活塞飞出，在壳体的左端设置了保护盖。为了减小拔销过程中活塞对保护盖的冲击，在保护盖与活塞之间设置了缓冲材料。为了防止因缓冲材料变形力的作用而使活塞带动销子回弹、右移，将解锁后的目标体再次锁定，把缓冲材料与活塞固定为一体，同时，在保护盖上设置了凹槽，在拔销过程中确保缓冲材料能够楔入凹槽内，进而把活塞牢牢地固定在保护盖上。

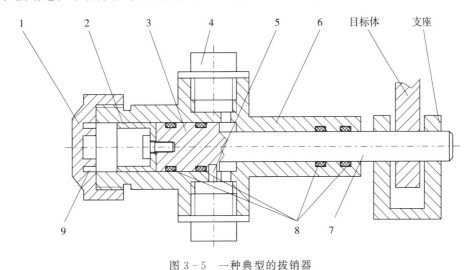

图 3 - 5　一种典型的拔销器

1—保护盖；2—缓冲材料；3—带有销子的活塞；4—起爆器；5—剪切销；6—壳体；7—销子；8—密封圈；9—凹槽

3.2.4　切割器

切割器是用来切断金属、非金属的索、棒、板等的火工装置，图 3 - 6 所示是一种典型的电缆切割器[14]，它主要由起爆器、主装药、活塞刀、壳体、砧座等组成。在壳体上预留相应的孔，使待切断的目标体穿过该孔，而后将切割器固定。在起爆器发火前，切割器一般不受力。当需要切断目标体时，起爆器通电发火，活塞刀在主装药燃气压力的推动下切断目标体。为了保证目标体的顺利切断，一般应使活塞刀的硬度比待切断的目标体的硬度以及砧座的硬度高 20（洛氏硬度）以上，另外，砧座的硬度也要比目标体的硬度高，以免在切割过程中因目标体嵌入砧座内而无法将其完全切断。

图 3 - 7 所示为金属杆切割器，该切割器主要用来切断金属杆，常与金属杆配合使用，实现太阳翼、天线等展开装置的压紧与释放。

3.2.5　解锁螺母

火工解锁螺母也称为分离螺母，主要由起爆器、主装药、压紧弹簧、壳体、内活塞、外活塞、螺母瓣、锥面底座等组成，如图 3 - 8 所示。其中，螺母瓣由完整的螺母切割而成，一般包括 3～4 瓣。为防止装配时多个螺母瓣的周向顺序出现错误，在螺母瓣的端面刻上标记。外活塞的内表面及螺母瓣的外表面开有相应的沟槽，当二者在轴向处于一定相对位置时，可以相互嵌套。在使用前，火工解锁螺母未连接状态如图 3 - 8（a）所示。在装配连接时，它几乎与普通螺母一样，直接与对应的螺栓预紧即可，连接状态如图 3 - 8（b）

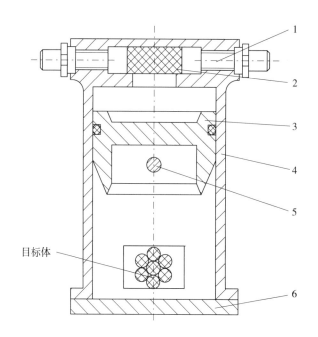

图 3-6　一种典型的电缆切割器

1—起爆器；2—主装药；3—活塞刀；4—壳体；5—剪切销；6—砧座

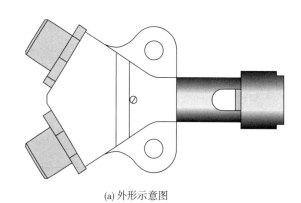

(a) 外形示意图

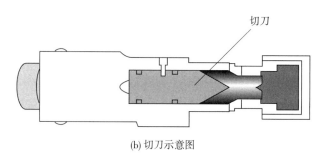

(b) 切刀示意图

图 3-7　金属杆切割器

所示。当目标体解锁时，在起爆器和主装药燃气压力的作用下，外活塞相对内活塞左移，到达一定位置后外活塞上的沟槽及螺母瓣上的凸起相互嵌套，从而解除对螺母瓣的径向约束，在轴向力的作用及底座锥面的引导下，螺母瓣沿径向向外移动，解除与螺栓的连接，实现目标体的解锁。为了保证螺栓从螺母瓣中完全拔出，确保解锁的可靠性，还常在螺栓的尾部安装相应的弹簧。

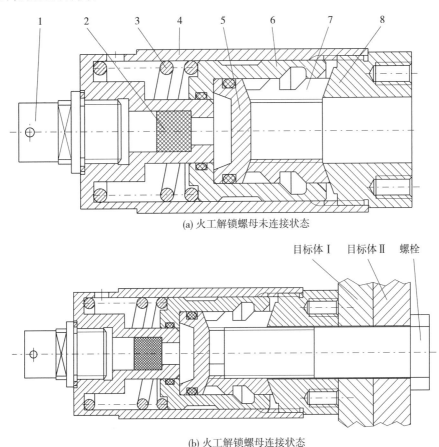

(a) 火工解锁螺母未连接状态

(b) 火工解锁螺母连接状态

图 3 - 8　火工解锁螺母

1—起爆器；2—主装药；3—压紧弹簧；4—壳体；5—内活塞；6—外活塞；7—螺母瓣；8—锥面底座

为了减小外活塞工作时对壳体的冲击，在其端面上可以粘贴缓冲材料，如金属橡胶垫或铝蜂窝，以吸收它与壳体之间的冲击能量。位于壳体内部的压紧弹簧，可以防止外活塞与螺母瓣之间的误动作，以避免解锁螺母出现误解锁的情况。

解锁螺母具有结构简单、性能可靠、易于与其他装置联合使用的特点。例如，把火工解锁螺母与爆炸螺栓或钢球螺栓结合，可以大大提高解锁的可靠性。另外，在普通螺栓的两端分别使用解锁螺母，同样可以达到提高解锁可靠性的目的。

3.2.6　包带

包带[15]的全称为包带式星箭连接释放装置，多用于星箭之间的连接或大型航天器之间的连接。一种包带的结构示意图如图 3-9 所示，主要由包带、卡块、拉簧、限位弹簧以及爆炸螺栓组成。地面总装时，用卡块把卫星和火箭过渡段的对接框卡住，通过两根包带的张紧使卡块牢牢卡住两个对接框。两根包带则通过两个爆炸螺栓连为一个整体。当星箭需要分离时，爆炸螺栓点火，在燃气压力的作用下壳体断裂，包带对卡块的径向约束解除。同时，拉簧把包带拉向火箭的过渡锥，解除卡块对对接框的约束，实现卫星和火箭之间的解锁。限位弹簧用来限制包带解锁瞬时的径向张开尺寸，避免由于该尺寸过大而对卫星及其部件造成损坏。

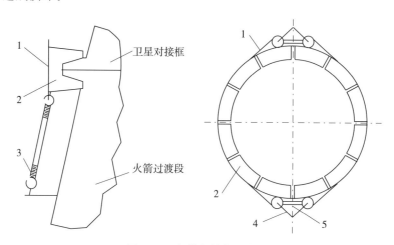

图 3-9　包带的结构示意图

1—包带；2—卡块；3—拉簧；4—限位弹簧；5—爆炸螺栓

目前，包带连接技术已经相当成熟，这种连接的承载能力大，可以承受航天器发射段的巨大载荷。在解锁时，只要把连接包带的两个爆炸螺栓中的一个引爆，就可以实现包带的解锁，因此其解锁可靠性高。同时，与直接使用爆炸螺栓连接相比，这种连接还具有低冲击的优点，因为爆炸螺栓与相应卫星对接框结构采用间接相连，所产生的冲击力不会直接传到结构中。其缺点是外形尺寸及总质量均较大，而且要求被连接的目标体预留出与包带、卡块形状相适应的、精度较高的连接端框，否则，可能导致解锁失败，地面试验时曾出现过此类情况。

随着航天技术的发展，出现了新型的包带技术[16]。与传统包带技术相比，该包带在提供较高连接刚度的同时，质量及解锁时的冲击明显减小。

3.2.7　火工连接锁

火工连接锁简称火工锁，它是随着航天技术的发展，特别是载人航天技术的发展，逐渐发展起来的一类火工装置。尽管此类装置的结构组成较一般的火工装置复杂，制造成本也较高，但因其独特的承载大、冲击小、污染小的特点，在载人航天器及深空探测器上得到了广泛应用。

3.2.7.1　钢球锁

图 3-10 所示为目前广泛应用的一种钢球锁，它主要由起爆器、壳体、活塞、密封

圈、锁杆、螺栓、钢球以及剪切销等组成。由图 3-4 和图 3-10 可知，钢球锁与钢球螺栓的工作原理非常相似，不同之处在于钢球锁可以提供较大的分离行程。

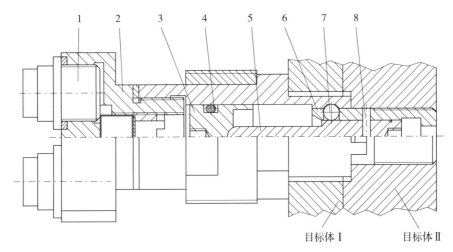

图 3-10　钢球锁

1—起爆器；2—壳体；3—活塞；4—密封圈；5—锁杆；6—螺栓；7—钢球；8—剪切销

在钢球锁壳体内表面上，有一个截面为梯形的环槽。该环槽能容纳半个钢球。在螺栓的相应位置处，沿圆周方向均匀分布着 3~4 个孔，在每个孔内安装一个钢球。这样，通过锁杆对钢球的径向约束作用，限制壳体与螺栓之间的轴向运动，另外，在壳体和螺栓之间设有周向限位槽，以防止在拧紧过程中二者之间产生周向相对运动，确保有效拧紧。在连接状态下，为防止由于锁杆的移动而导致钢球锁误动作，进而导致误解锁，常通过剪切销把锁杆与螺栓固定。

当目标体解锁时，起爆器工作（点燃主装药），在燃气压力的作用下，活塞移动，推动锁杆剪断剪切销，当锁杆移动到一定距离后，解除对钢球的径向约束。在壳体与螺栓之间挤压力的作用下，钢球向锁杆轴线方向移动，解除壳体与螺栓之间沿轴线方向的约束，进而实现两个目标体之间的解锁。活塞继续移动，持续推动锁杆，直到锁杆末端与螺栓端面接触，从而推动两个目标体实现分离。

可以通过调整主装药控制分离速度，还可以在壳体上设置台阶，控制活塞移动的距离及螺栓的推力行程，实现分离速度的控制。另外，为了减小分离结束后活塞与壳体之间的冲击，可以在活塞与壳体的接触面上粘贴缓冲材料。

如图 3-10 所示，为了降低对径向尺寸的要求，将两个起爆器平行布置。如果径向尺寸允许，起爆器轴线之间应该保持一定的夹角，如图 3-7 所示切割器中起爆器的布置。

钢球锁一般具有连接、解锁和分离三种功能，其连接能力主要与钢球的尺寸、数量以及锁杆、螺栓及壳体的强度、硬度有关。连接能力一般为几十千牛。钢球锁曾用在神舟号载人飞船初期的密封板组件上。

3.2.7.2　楔块锁

钢球锁是通过钢球的点接触承受连接载荷的，因此其承载能力较低。当需要承受较大

图中标注：目标体 I　　目标体 II

连接载荷时，可以用平面接触的楔块代替点接触的钢球，这样就形成了一种高承载锁——楔块锁，如图 3-11 所示。楔块锁主要由起爆器、主装药、壳体、活塞、锁杆、螺栓、楔块、剪切销等组成。它的工作原理、功能与钢球锁相似。沿螺栓的周向均匀分布着 3~4 个轴向槽，在每一个槽内安装一个楔块。通过锁杆对楔块的径向约束作用，限制锁杆与壳体之间的轴向相对运动。为防止由于锁杆的移动而导致楔块锁误动作及由此导致的误解锁，常通过剪切销把锁杆固定。

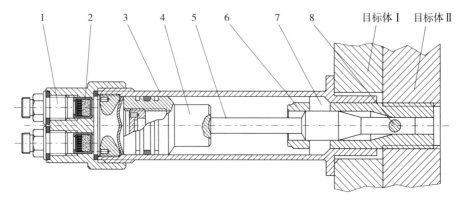

图 3-11　楔块锁

1—起爆器；2—主装药；3—壳体；4—活塞；5—锁杆；6—螺栓；7—楔块；8—剪切销

当目标体解锁时，起爆器工作点燃主装药，在燃气压力的作用下，活塞移动，推动锁杆剪断剪切销，在锁杆移动到一定距离后，解除对楔块的径向约束。在螺栓与壳体之间挤压力的作用下，楔块向锁杆轴线方向移动，解除壳体与螺栓之间的约束，实现目标体的解锁。活塞继续移动，推动锁杆与螺栓接触，进而推动螺栓实现两个目标体的分离。控制分离速度、分离冲击的方法与钢球锁相似，这里不再赘述。

楔块锁的连接能力主要取决于楔块和螺栓、壳体和锁杆的强度及表面硬度，可以通过增加楔块的挤压面积，来提高楔块锁的承载能力。它的连接能力达上百千牛，可用来实现大型结构部件与航天器主结构之间或者航天器舱段之间的连接与分离。楔块锁曾用于神舟号载人飞船返回舱防热球底与返回舱之间的连接与弹抛。为防止楔块锁在解锁、分离过程中产生的高压燃气泄漏，以免其中的 CO 影响航天员的安全，在其壳体的内表面加工了放气槽，一旦活塞运动到位，相应的燃气即可通过放气槽释放到返回舱外。

3.2.7.3　双啮合锁

在上述火工装置中，解锁、分离的执行组件只有一套，一旦这套组件的运动失效，将导致整个火工装置的解锁、分离失效。为了避免这种情况发生，提出了双啮合锁方案。图 3-12 所示为一种双啮合锁的结构示意图，称其为双啮合锁 I，它包括爆炸螺栓、圆螺母、锁体、夹块、螺栓、球螺母、压缩弹簧等。螺栓左端的截面为矩形，仅在上、下两个侧面有相应的平行直齿，螺栓的右端为普通螺纹。两个夹块分别通过一个小型爆炸螺栓与圆螺母相连。为实现目标体的连接，首先通过圆螺母与锁体之间的预紧，实现两个夹块与螺栓

左端的啮合，而后通过球螺母与螺栓右端之间的预紧，实现两个目标体的连接。两个夹块
分别与螺栓左端的两个侧面形成上、下两个啮合副，所以称之为双啮合锁。

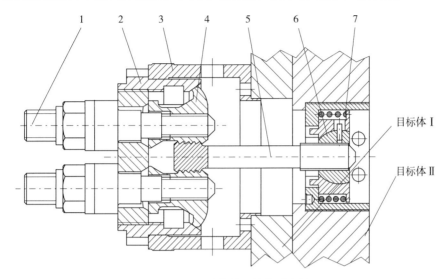

图 3-12 双啮合锁 I 结构示意图

1—爆炸螺栓；2—圆螺母；3—锁体；4—夹块；5—螺栓；6—球螺母；7—压缩弹簧

当目标体解锁时，两个爆炸螺栓通电点火而断裂，两个夹块对螺栓左端的约束同时
解除，螺栓被释放，因此两个目标体解锁。如果只有其中的一个爆炸螺栓工作而断裂，
即一个夹块对螺栓左端的约束解除，在不对称约束力的作用下，螺栓左端偏向无约束的
一侧，即螺栓绕球螺母的中心旋转，这样另一个夹块对螺栓的约束也随之解除，从而实
现目标体的解锁。即每一个夹块都与螺栓的左端形成了一个连接解锁组件，两个解锁组
件中的任何一个工作，均可以实现目标体的解锁，因此，该双啮合锁的解锁可靠性得到
大大提高。

尽管爆炸螺栓工作时产生的冲击较大，但由于该双啮合锁中的爆炸螺栓体积较小，装
药量较少，且产生的冲击通过锁体间接作用到目标体上，因此，与一般情况下应用的爆炸
螺栓相比，该爆炸螺栓对航天器结构造成的冲击要小得多。

为了确保双啮合锁 I 在空间失重状态下的可靠解锁，在球螺母上增加了压缩弹簧，一
旦某个夹块的约束解除，压缩弹簧有助于螺栓与夹块的脱离。螺栓尾部的球螺母可以通过
自适应转动来避免螺栓承受附加的弯矩，以充分发挥螺栓的轴向承载能力，保证连接的强
度、刚度及连接的可靠性要求，另外，在只有一个爆炸螺栓解锁时，也可以通过自适应转
动，解除夹块对螺栓左端的约束，实现目标体的解锁。为了防止爆炸螺栓工作后产生多余
物（碎片），可以设置保护罩，把工作后的爆炸螺栓留在保护罩内。

在使用双啮合锁 I 前，夹块与螺栓之间已经夹紧，即锁体和夹块均已发生弹性变形，
因此，预紧后的产品不易长期存放，以免上述零部件发生蠕变或应力松弛，从而影响连接
可靠性。双啮合锁 I 曾用于神舟号载人飞船推进舱与返回舱的连接与解锁。

　　图 3-13 所示为另外一种双啮合锁，称其为双啮合锁 Ⅱ。它由三部分组成，即两个连接解锁组件和一个螺栓组件，两个连接解锁组件与螺栓组件啮合后通过相应的螺钉连为一体，如图 3-13（a）所示。每个连接解锁组件包括起爆器、主装药、活塞、径向滑块、支撑轴、缓冲垫、壳体等。螺栓组件包括锁母和螺栓。在连接状态下，每个径向滑块均与锁母形成相应的啮合，进而约束住螺栓头部，通过在螺栓左端施加拧紧力矩，便可以实现其与相应螺母的预紧，从而实现目标体的连接，如图 3-13（b）所示。

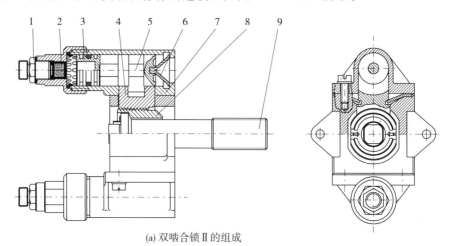

(a) 双啮合锁 Ⅱ 的组成

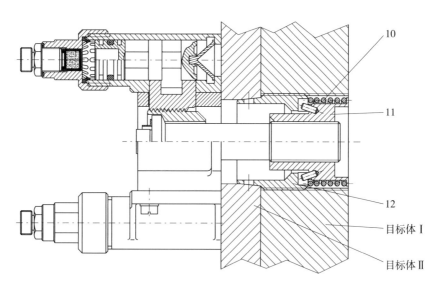

(b) 双啮合锁 Ⅱ 的连接原理

图 3-13　双啮合锁 Ⅱ

1—起爆器；2—主装药；3—活塞；4—径向滑块；5—支撑轴；6—缓冲垫；
7—壳体；8—锁母；9—螺栓；10—压缩弹簧；11—球螺母；12—抗剪切螺母

　　目标体解锁时，起爆器通电点火，在火药燃气压力作用下，活塞推动支撑轴移动，解除对径向滑块的约束，在轴向力的作用下，径向滑块沿径向向外移动，解除对锁母的约束，即螺栓头部的约束，实现两个目标体的解锁。为了避免在连接状态下螺栓受到附加弯矩，在连接时使用抗剪切螺母实现两个目标体的定位，并承受相应的剪切力。球螺母、压缩弹簧的作用与双啮合锁 I 中对应的零件相同。为了进一步减小解锁时的冲击，在支撑轴的下端设置了缓冲垫。

在使用双啮合锁 II 前，各部分之间没有内力产生，因此，它的性能不会像双啮合锁 I 那样，因长期贮存而发生显著变化。双啮合锁 II 曾用于神舟号载人飞船轨道舱与返回舱的连接与解锁。

从双啮合锁的结构组成可以看出，在解锁过程中两个解锁组件完全独立作动，且任何一个解锁组件的解锁可以实现双啮合锁的解锁，因此，其解锁的可靠性较高。

3.2.7.4　组合锁

通过基本火工装置的有机组合，可以形成多种火工锁新方案。与一般火工装置相比，这些火工锁的组成也往往比较复杂，加工、装配的难度较大，但其解锁的可靠性高，同时与一般火工装置的直接组合应用相比，其总的体积、质量较小，因此，在某些特定的应用场合，受到了重视。

例如，把解锁螺母与钢球锁结合，可以得到一种新的火工锁，即组合锁，如图 3 - 14 所示。它主要由起爆器、壳体、内活塞、外活塞、螺母瓣、压紧螺母、剪切销 I、支撑轴、螺栓、剪切销 II 组成。

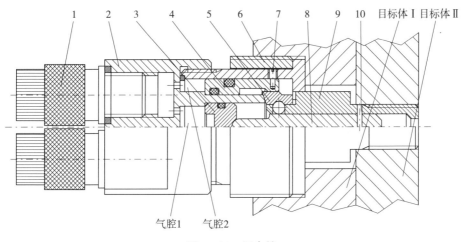

图 3 - 14　组合锁

1—起爆器；2—壳体；3—内活塞；4—外活塞；5—螺母瓣；6—压紧螺母；7—剪切销 I；
8—支撑轴；9—螺栓；10—剪切销 II

在连接时，它的使用方式与钢球锁相似。而在解锁时，它既有与解锁螺母相似之处，又有与钢球锁相似之处。它有 3 种解锁方式：

1）内活塞运动而解锁。起爆器点火，产生的燃气分别进入气腔 1 和气腔 2，内活塞在气腔 1 中的气体压力作用下，推动支撑轴剪断剪切销 II，支撑轴运动到一定位置后，钢球便失去径向约束，在螺母瓣和螺栓挤压力的作用下，钢球向支撑轴轴线方向滑落，解除螺栓与壳体之间的约束，从而实现目标体的解锁。内活塞继续运动，支撑轴与螺栓的端面接触，从而实现目标体的分离。该解锁方式与钢球锁相似。

2）外活塞运动而解锁。外活塞在气腔 2 中的气体压力作用下右移，剪断剪切销 I，直至其与壳体底部接触，此时螺母瓣失去径向约束，解除螺栓与壳体之间的约束，螺栓得以解锁，从而实现目标体的解锁。由于壳体底部对外活塞的约束作用，外活塞不能继续运动，该方式下的组合锁没有分离功能，所以，该解锁方式与解锁螺母相似。

3）内、外活塞同时运动而解锁。在火药燃气压力的作用下，内、外活塞同时运动，解除钢球的内、外约束，从而实现螺栓的解锁，进而实现目标体的解锁。

为了实现功能对称，即无论采用何种解锁方式，对目标体的作用都是相同的，需要把螺栓伸入壳体部分的直径适当增大，同时，把外活塞末端的外径适当减小，保证外活塞运动到一定位置后能够与螺栓接触，从而将火药的爆炸能量通过外活塞传递到螺栓，同时保证内、外活塞的运动行程相同，即不论是外活塞释放，还是内活塞释放，活塞移动的距离都是相同的，从而保证活塞推动螺栓运动的行程是相同的。

从图 3 - 14 可以看出，只要内、外活塞中的一个运动到位，就可以实现解锁，因此，该组合锁的固有解锁可靠性很高。为防止解锁完成后产生碎片，使用压紧螺母把壳体始终压紧在一个目标体上。为便于连接时预紧，采取相应的措施防止螺栓和壳体之间发生相对转动。

3.2.7.5　双支撑锁

双支撑锁主要由锁体、外活塞、内活塞、起爆器、弹簧、球形环、剪切销、剪切环、收拢弹簧、连接杆、解锁杆及锁母组成，如图 3 - 15 所示。它的连接与解锁工作原理与组合锁相似，不同之处在于它的连接与解锁不是通过钢球，而是通过哑铃型连接杆实现的。

在连接时，它的使用方式与组合锁一样，而在解锁时，它也有 3 种工作方式：

1）内活塞运动而解锁。起爆器点火工作后，在火药燃气压力的作用下，内活塞剪断剪切环，运动到一定位置后连接杆右端失去支撑，在预紧力及收拢弹簧的作用下，连接杆右端向内收拢，从而解除对锁母与锁体之间的约束，实现目标体的解锁。

2）外活塞运动而解锁。起爆器点火工作后，在火药燃气压力的作用下，外活塞剪断剪切销，带动内活塞向左运动，移动一定距离后连接杆左端失去支撑，在预紧力及收拢弹簧的作用下，连接杆左端向内收拢，从而解除对锁母与锁体之间的约束，实现目标体的解锁。

3）内、外两个活塞同时运动而解锁。起爆器点火工作后，在火药燃气压力的作用下，内、外两个活塞同时工作，连接杆左右两端同时失去支撑，在收拢弹簧的作用下，连接杆两端同时向内收拢，从而解除对锁母与锁体之间的约束，实现目标体的解锁。

其中气孔的作用是保证两个气腔内的压力平衡，为两个活塞同时工作创造条件。

为了防止外活塞运动时飞出，需要在锁体的端部设置保护盖。为了便于连接时的预紧，同样需要采取措施防止锁母和锁体之间的相对转动。其中的弹簧、球形环的作用与双啮合锁 I 中的弹簧及球螺母的作用相似。

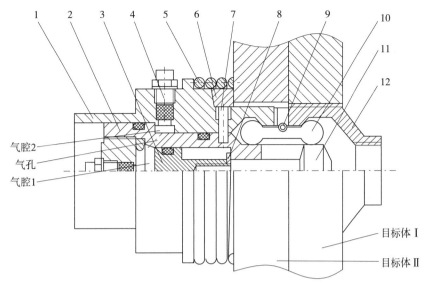

图 3-15 双支撑锁

1—锁体；2—外活塞；3—内活塞；4—起爆器；5—弹簧；6—球形环；7—剪切销；8—剪切环；
9—收拢弹簧；10—连接杆；11—解锁杆；12—锁母

3.2.8 火工分离推杆

一种火工分离推杆的组成示意图如图 3-16 所示，它主要包括起爆器、活塞推杆、壳体及剪切销等。火工分离推杆只具有分离功能，因此，它必须与其他连接解锁类火工装置联合使用，才能实现连接、解锁。通常火工分离推杆与两个目标体中的一个固连，当两个目标体解锁后需要分离时，火工分离推杆的活塞在火药燃气压力的作用下，剪断剪切销，推动两个目标体实现分离。

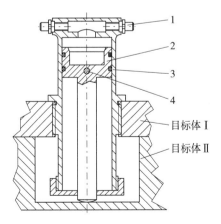

图 3-16 火工分离推杆的组成示意图

1—起爆器；2—活塞推杆；3—壳体；4—剪切销

为了减小分离时的冲击，可以适当增大火工分离推杆的初始容积，以减小燃气压力增大的速度。图3-17所示即为一种初始容积较大的火工分离推杆，中间的空腔为初始容积。与用于连接解锁的火工装置不同，火工分离推杆在火药燃烧前基本不受外力的作用，因此，其制造材料一般不需要高强度。

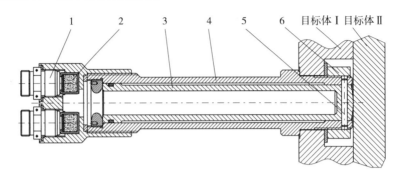

图3-17   一种初始容积较大的火工分离推杆

1—起爆器；2—主装药；3—活塞推杆；4—壳体；5—剪切销；6—固定螺母

在使用火工分离推杆时，应严格控制活塞推杆端部与目标体之间的间隙，既要保证间隙的存在，以免总装过程中因外力的作用而剪断活塞推杆上的剪切销，同时又要保证间隙不能过大，否则将增大分离时对目标体的冲击。

3.3   火工装置设计

火工装置设计的目的是，在满足技术要求的前提下，给出简单易行、性能可靠的产品方案。其中的技术要求可以简单地分为一般技术要求和具体技术要求。一般技术要求包括任务定义、功能要求、贮存环境条件及工作环境要求。任务定义将给出所需解决的任务特点、任务内容及任务流程等；功能要求包括所需的基本功能，即连接、解锁、分离的相应功能；贮存环境条件主要包括地面贮存时的环境条件，如温度、湿度以及贮存时间等；工作环境要求包括飞行环境条件、解锁或分离瞬时的环境条件，特别是极限温度条件和相应环境的作用时间。具体技术要求包括连接能力、解锁或分离冲击限制、解锁或分离时间、外形与接口尺寸、质量、功耗、寿命、可靠性等要求。设计方案的简单易行体现在结构组成简单、制造工艺简单、分析验证及试验验证过程简单、生产成本低等方面；性能可靠则体现在设计方案的技术继承性好、健壮性好、产品的固有可靠性高等。

3.3.1   设计的基本流程

以第2章中的连接分离系统方案设计为基础，以上述技术要求为约束条件，进而根据火工装置预期的工作温度条件、各个阶段预期的载荷大小以及所要连接的两个目标体的结构及质量特点等，开展火工装置的设计工作，包括火工装置的类别选择、结构设计、起爆与传爆设计、主装药选择、作动方案设计、密封设计及相应的初步仿真验证等。火工装置设计的基本流程如图3-18所示。当无法采用电起爆器直接点燃火工装置主装药时，需要进行传爆设计，包括确定采取何种传爆装置，以及如何设置传爆装置来间接点燃主装药等工作，以实现火工装置的作动，并确保多件火工装置作动的同步性。在神舟号载人飞船上就使用了传爆装置[17]。

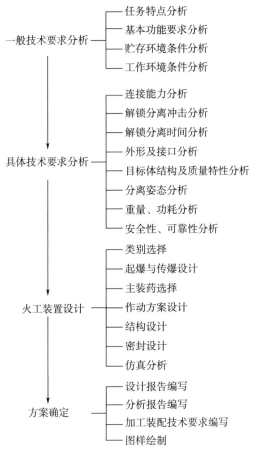

图 3 - 18　火工装置设计的基本流程

当所需的作动力较大时，则要在火工装置中添加主装药。选择主装药时，必须充分考虑火工装置所处空间的极限温度及在此温度环境下的生存时间，确保主装药的性能不会因温度过高或过低而退化。

火工装置类别的选择以及具体设计方案的确定往往与设计师的经验、偏好及所在单位的技术基础密切相关。由于不同单位的技术基础不同，对不同技术环节的把控能力不同，因此火工装置设计方案的优劣既具有绝对性的一面，又具有相对性的一面。下面对设计过程中的几个关键环节进行阐述。

3.3.2　任务特点分析

在发射阶段，火工装置要承受由于运载火箭的脉动推力而施加在目标体上的动载荷，在此阶段要确保连接功能的可靠性，避免火工装置误起爆。航天器进入预定轨道后，有些火工装置就随之解锁，此类火工装置受空间环境的影响较小。但有些火工装置，例如用于火星、小行星着陆探测器舱段之间连接的火工装置，要在空间飞行数月甚至数年之后才能工作，空间环境特别是高、低温及辐照等环境对其性能的影响很大。过高的温度会导致火工装置内部的火药特性退化，过低的温度会影响其发火性能，因此，当温度范围超出火药可以承受的范围时，需要采取相应的热控措施。在火工装置解锁、分离过程中，往往会产生较大的冲击，因此，在确保火工装置解锁、分离可靠的前提下，必须保证由此产生的冲击不超出相应的要求，避免对高精度有效载荷如观测相机等产生不利影响。同时，要采取相应的措施，例如通过设置相应的保护罩，确保火工装置解锁后不会有相应的碎片释放到空间。另外，为了检测解锁或分离是否成功，有时还要在火工装置的尾部或其安装点附近设置相应的指示开关，以给出火工装置的工作状态或相互连接的两个目标体之间的位置情况。为了防止火工装置因受到较大的横向力而使解锁、分离时的阻力显著增大，要设置相应的抗剪切部件来承受横向力。

3.3.3　技术要求分析

在设计火工装置前，用户会对其提出详细的技术要求。设计师需要对这些技术要求进行逐一分析、综合考虑，而后才能开始设计。这些技术要求一般包括：基本功能与性能要求，外形及接口要求，空间环境要求，可靠性与安全性要求，包装、运输、贮存及寿命要求，安装使用要求，有时还提出试验和验证要求。需要注意的是，这些技术要求之间可能存在矛盾或冲突，因此，在抓住主要矛盾或矛盾的主要方面的同时，还要做好矛盾因素之间的平衡，不能过分强调某一要求而忽略其他要求。

基本功能与性能要求　基本功能既包括所需的火工装置的基本功能，也包括连接、解锁或分离功能。基本性能要求包括连接力大小、解锁或分离时间及其同步性、分离冲量或分离冲击、分离姿态、火工装置质量（重量）等要求。这些要求是在设计火工装置时最基本的约束条件。根据这些条件可以确定火工装置产品的类型。

外形及接口要求　包括最大轴向及径向尺寸、机械连接的方式及机械连接的具体尺寸、电接口中供电电流及电压值等。这些要求影响起爆器的选择、热防护的基本措施以及安装的基本方法等。根据该要求、基本功能与性能要求就可以开展火工装置的初步设计工作。

空间环境要求　包括力学环境、空间温度环境、辐照环境以及这些环境对火工装置作用时间等。根据这些条件可以确定相应的连接防松方式、火药类别及所需的热控方式等，以确保发射振动等力学环境下的连接不会松动，空间热环境下火工装置能正常发火。

可靠性与安全性要求　包括在给定置信度下的不同任务剖面（或工作阶段）的工作可靠度要求，以及抗冲击、抗辐照、抗静电等能力要求。确保火工装置能够可靠连接及解锁、分离，且不会因环境影响或偶发因素的影响而误动作。

包装、运输、贮存及寿命要求　包括每个产品的具体包装要求、运输过程中的速度及道路状况要求、贮存的环境温度及湿度要求、贮存寿命及工作寿命等要求，明确这些要求有利于进一步采取适当的措施保证产品性能的稳定性和可靠性。

安装使用要求　包括安装空间要求、安装工具要求以及分解拆卸过程要求等。确保在有限的空间内方便地实施火工装置的安装等操作任务，特别是在设计专用安装工具时，必须充分考虑这一问题，避免因安装操作考虑不周而导致产品难以安装或拆卸等。另外，还要确保安装过程的可追溯性。

试验和验证要求　包括试验的基本类别、试验条件及试验的时机，根据这些要求确定地面试验的基本方法及试验件数量等，以确保产品的各项性能得到充分验证。

3.3.4　装置类别选择

装置类别选择是火工装置设计的重要环节，选择过程要充分考虑任务的特点、功能要求和性能要求，包括所需的基本功能（连接解锁还是连接解锁与分离）、连接载荷大小、外形尺寸限制、解锁或分离冲击限制、分离速度与分离姿态要求以及连接面是否具有密封要求等。根据这些要求，就可以基本确定装置的类别。例如，当连接面需要密封，且需要装置具有连接、解锁和分离三种功能时，则优选同时具备这三种功能的钢球锁或楔块锁。

在选择装置类别的同时，还要根据需要正确选用起爆器，并根据火工装置的工作时序等确定是否需要传爆装置。例如，当采用两种火工装置分别实现连接解锁和分离功能，且需要严格控制它们之间较短的作动间隔时，就可以采用非电传爆装置。非电传爆装置的传爆速度可达 7 000 m/s，因此，一般可以忽略其长度变化对传爆时间的影响，可通过控制器来准确控制不同装置之间的起爆或作动时间间隔。

3.3.5　连接方式分析

连接方式既影响连接的可靠性，也影响解锁、分离的可靠性和安装操作的方便性。选用合理的连接方式，并结合必要的附加装置，可以有效避免解锁后空间碎片的产生。设置专门的抗剪切部件承受连接面之间的剪切力，避免连接分离装置受横向力的影响导致解锁过程中的摩擦力增大，进而影响其解锁分离性能。在连接螺栓的上、下两端设置相应的球形垫片或螺母，使关键连接件能够适应连接过程中连接面之间的横向错动，避免因微小错动而使连接螺栓承受横向力。

3.3.6　作动过程分析

作动过程是指火工装置解锁、分离过程中相应动作的执行过程。通过作动过程分析，全面把握火工装置解锁、分离过程中活动部件的运动特点，判断影响活动部件运动的动力和阻力有哪些，进一步判断解锁、分离所需的运动能否得以保证，是否需要对相应的作动组件进行冗余设计，作动组件的冗余设计能否真正达到预期的效果，如何减小解锁、分离过程中的冲击，如何防护解锁、分离过程中可能产生的碎片等。

3.3.7　结构设计

在上述分析的基础上，就可以开展火工装置初步结构设计工作。即以已有的某种火工装置为基础，根据所执行任务与已往任务的不同、环境条件的差异以及其他约束条件的不同，进行相应的结构调整，这个调整一般是指结构尺寸的调整，结构的基本组成和形式一般不变。但当任务较特殊时，也可以根据需要研制全新的火工装置，如遇这种情况，设计过程要特别慎重，要经过反复的论证才能确定结构形式。

由于很多火工装置的连接通过相应螺栓实现，而解锁、分离通过相应的活塞运动实现，所以，在进行结构设计时要特别注意相应螺栓的强度，包括材料的选择、热处理及表面处理工艺及相应过渡圆角的控制等，有效避免螺栓发生脆断。另外，要处理好活塞与相应内圆柱面的配合关系，并尽可能使二者的材料保持一致，避免由于材料的线膨胀系数不同而导致运动卡死，控制二者的表面粗糙度并采用适当的润滑措施。再者要注意密封结构的合理性，包括活塞上密封圈的材料及密封槽的设计、起爆器与火工装置壳体之间的密封设计等。为有效控制作动冲击，在活塞运动的末端设置相应的缓冲垫，以减小作动冲击的影响，同时避免缓冲垫的增加对解锁、分离带来的负面影响。

3.3.8　仿真分析

仿真包括连接仿真和解锁、分离仿真。前者属于静力学仿真，仿真过程相对简单。后者属于动力学仿真，并且涉及到火药压力的瞬态变化，仿真过程比较复杂。常基于经典内弹道学理论，结合火工装置的应用实例和已有的试验数据，采用 MATLAB/Simulink 搭建求解内核，输入设计参数，输出求解结果和数据曲线。同时，可根据试验结果对求解结果进行修正，仿真的基本流程如图 3－19 所示。通过仿真分析可以对设计方案进行初步验证。

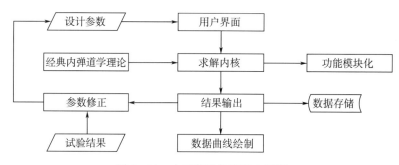

图 3－19　火工装置仿真基本流程

3.3.9　可靠性、安全性设计

可靠性、安全性设计的目的是保证火工装置的可靠性及安全性，它是火工装置设计的核心，贯穿于火工装置的全部设计过程，但它不是火工装置设计的独立内容。为了强调火工装置的设计满足可靠性、安全性的要求，在设计过程中往往单独列出该节内容，把所采用的可靠性、安全性设计措施加以总结、提炼。例如，采用足够的结构强度裕度、钝感起爆器等保证连接的可靠性；采取起爆冗余措施、传爆冗余措施、作动冗余措施以及足够的药量裕度等保证解锁、分离的可靠性；采取提高结构强度裕度、解锁分离过程的碎片防护措施、钝感起爆器、冲击防护措施等保证安全性，并根据经验及技术继承性对可靠性、安全性进行预计。另外，还要开展 FMEA 工作，对相应的单点失效等薄弱环节进行识别，并给出应对措施，进一步保证可靠性。

3.3.10　设计方案改进及投产

将仿真分析的初步结果与预期的技术指标相比对，考虑到仿真的误差，针对不满足技术指标的情况，或者相对技术指标的要求余量较小的情况，组织相关技术人员进行分析，提出相应的改进措施，综合比较不同改进措施所需付出的代价，结合产品的具体特点及约束条件，选择代价较小的措施，对设计方案进行改进，在此基础上确定设计方案。

以此设计方案为基础，将相应的图样及详细的生产技术要求一起传递到生产厂家，对产品进行投产。生产技术要求是为保证产品的最终性能，根据产品的功能、性能及结构特点，对生产、装配、测试等全过程提出的要求。一般包括生产准备、材料复验、生产过程中的强制检验、生产过程中应记录的重要数据、装配过程中应拍照记录的情况、装配前的试装配、装配过程中的相关拧紧力矩、装配过程及装配后的测试等要求。

3.4　火工装置制造

3.4.1　制造基本过程

制造过程是保证火工装置可靠性的重要环节。该过程包括工艺方案制定与评审，生产所需的设备与工装准备，起爆器、主装药、原材料的订购以及具体的生产装配活动等。值得指出的是，在火工装置的生产准备及生产过程中，必须确保相应的安全措施落实到位，以确保生产过程的安全。另外，如遇偏离、代料、超差等情况，必须按要求办理相应的手续，在避免生产浪费的同时，确保不合格品的使用不会超出限定的用途。

3.4.2　制造过程中应注意的问题

针对火工装置的功能及性能特点，要特别注意关重件的关重特性及关键工序的控制，例如相应的轴孔间隙配合的尺寸控制、关键承力零件的热处理及相应过渡圆角控制、相对运动零件表面的润滑膜质量控制、相应的密封圈状态检查、装配时相应螺纹配合面的点胶防松以及装药量控制等，对这些关重特性及关键工序的实施情况及实施结果要做准确、详细的记录，确保生产过程可追溯。

另外，为保证装配过程的顺利进行及装配结果的正确性，在装配前要对相应零件的状态进行再检查、再确认，例如，用放大镜对密封圈的外观进行再检查，确保密封圈的状态完好，对孔的端面倒角进行检查，确保在装入过程中，相应活塞上的密封圈不会被挤伤或划伤。在装配过程中，还要对某些参数进行测量，例如解锁力测量等，确保解锁力的大小稳定，且远小于火药燃烧所产生的推力值。

3.5　火工装置地面试验

为了考核火工装置在预期使用环境条件下的功能与性能，要在地面对其相应部件及整个产品（整机）进行相应的试验验证。确定试验项目和试验方案时要考虑试验的必要性、试验的成本、试验实施的简便性以及试验结果的准确性等因素。与其他航天器机构一样，为了充分验证火工装置的性能，在火工装置装配前需要对相应的零件及组件的性能进行试验验证，以便在获得相应性能参数的同时，简化火工装置整机的试验方案，降低试验的总成本。例如，在万能试验机上对火工装置中的缓冲垫进行压试，测试其缓冲力-位移曲线，从而初步得到其缓冲能力。

对于最关键的整机发火试验，要在预期最恶劣的受力状态、最严酷的温度环境下进行，并考虑主装药裕量或裕度，以便充分考核火工装置发火功能及结构的完整性。考虑到用于飞行的火工装置的性能难以直接进行全面验证，因此只能在同批产品中抽取一定数量的产品进行试验，即通过旁证的方式对飞行产品的性能进行验证，这就使试验方案的正确设计以及相关参数的全面测量变得更为重要，以确保试验方法的正确性、试验件的代表性、试验数据的准确性和全面性。

3.5.1　非破坏性试验

非破坏性试验是指火工装置通过这些试验后，其原有的功能没有遭到破坏，仍然可以正常使用。非破坏试验或测试的主要项目如下：

1）起爆器的电阻测量。即对起爆器的导通电阻和绝缘电阻进行测量，导通电阻是指起爆器插针之间的电阻，即起爆电流所流经的电路的电阻，绝缘电阻是指插针与壳体之间的电阻。在不同阶段需要对该参数进行反复测试，以判断火工装置能否正常起爆。

2）最低解锁压力测试。在火工装置装配过程中，起爆器装配前，常用清洁的高压氮气等代替火药燃烧产生的高压气体，驱动火工装置解锁，测量其解锁所需的最低压力。该参数用于判断火工装置的解锁力是否正常，进而判断装配过程是否正常。该参数对于火工装置可靠性的量化评估也具有重要的支撑作用。

3）连接能力测试。为了确保火工装置的连接能力满足要求，有时规定一个安全值，确保在此拉力作用下产品不会产生任何塑性变形。一般在拉伸试验机上对所有产品逐一进行测试，进而判断产品连接能力是否满足要求。

4）机械接口及外形尺寸测量。在火工装置装配完成后，对相应的机械接口如连接螺栓的螺纹尺寸及精度、连接孔的大小及孔距、外形尺寸等进行测量，确保这些尺寸满足要求。

5）X 射线检查。在火工装置装配完成后，都要进行 X 射线检查。其中的 X 光底片主要用来判断是否装填了所需的发火药剂，有时也可以用来判断关键部件的装配是否正确，产品内部是否有多余物。一般地，每个火工装置都有 X 光底片记录，对于有些特殊的火工装置，有时还留有不同角度拍摄的多张 X 光底片。需要指出的是，正确读取 X 光底片信息不是一件容易的事，只有具备专业经验或技能的人员才能判读。

6）拧紧力矩测试。为了确保火工装置连接的有效性，需要准确控制连接时的拧紧力矩。通过拧紧力矩实现预紧力的控制是工程上的常见手段，拧紧力矩的具体值要通过相应的标定试验确定。

3.5.2　破坏性试验

破坏性试验是指火工装置通过这些试验后，其部分结构会遭到破坏，因此通过任一破坏性试验后，火工装置都不能再直接用于其他试验。破坏性试验除了用来验证火工装置的基本性能外，还常常用来判断火工装置的极端能力或功能裕度。该试验包括的主要项目如下：

1）承载能力试验。该试验用来评价火工装置的最大承载能力，一般也在万能试验机上实施。一直加载到火工装置承载部件发生断裂，加载的最大值即为该火工装置的最大承载能力。火工装置承载能力一般不小于预期最大载荷的两倍。

2）点火试验。点火试验是验证火工装置解锁、分离性能的试验，也是验证其结构强度的试验。在点火试验前，需要按要求对产品施加所需的预紧力，并保证所有与预紧力有关的边界条件与预期使用的状态一致，例如试验工装的材料特性、接口尺寸、表面状态等均要与预期使用状态完全一致。一般在常温以及预期的高温、低温等多个状态下分别进行点火试验，有时还要模拟相应的真空环境进行点火，并对产品的解锁、分离时间以及作动过程所产生的冲击进行测试。为了验证解锁、分离功能的裕度以及结构强度的裕度，还需要分别在 80% 的额定装药量、120% 的额定装药量及 150% 额定装药量的情况下进行点火，确保在前者状态下点火时火工装置可以正常解锁、分离，在中间状态下点火时火工装置的密封、结构等是完好的，在后者状态下点火时结构不被破坏。理论上，环境温度对火药燃烧的影响很大，低温时点火，火药通常产生最小的能量输出，高温时则相反，与此同时还往往伴随着结构强度的降低，因此，高温点火更利于暴露火工装置结构遭到破坏的隐患。另外，过高或过低的环境温度对火工药剂的性能也会产生不利影响。

3）分离速度试验。分离速度试验是一种特殊的点火试验，该试验是针对具有分离功能的火工装置而开展的。在试验前施加所需的拧紧力矩，并模拟连接的实际状态，同时还要模拟目标体的质量，使点火后的火工装置推动相应的模拟件实现分离。通过模拟件的分离速度判断目标体在轨分离时的速度能否满足要求。该试验一般在地面利用分离台实施，如图 3-20 所示。试验工装及设备包括支架、分离车、绳索、导轨及定力弹簧等。分离车用来模拟其中一个目标体，且其质量一般由两个目标体中质量较小的目标体确定。利用配重或定力弹簧来消除分离过程中摩擦力对分离车运动的影响。在试验时通过高速摄像记录小车的分离过程。值得注意的是，在太空分离时，火工装置提供的能量转化为两个目标体的动能，而在地面试验时，火工装置提供的能量只转化为分离车的动能，因此，分离车的速度一般不是目标体在太空分离时的真实相对速度。只有当两个目标体的质量之比大于 10 且分离车质量与较小目标体质量相近时，才可以认为分离车的速度近似等于目标体在太空分离时的相对速度，因此，在试验完成后一般需要根据动量定理及能量守恒定律对地面分离速度进行相应的转化。

假设在轨分离时两个目标体的质量分别为 m_1、m_2，分离速度分别为 v_1、v_2，相对分离速度为 v，地面试验时分离车的质量为 m_3，分离速度为 v_3，则有

$$\begin{cases} v = v_1 + v_2 \\ m_1 v_1 = m_2 v_2 \\ \dfrac{1}{2} m_1 v_1^2 + \dfrac{1}{2} m_2 v_2^2 = \dfrac{1}{2} m_3 v_3^2 \end{cases} \quad (3-1)$$

由式（3-1）可得

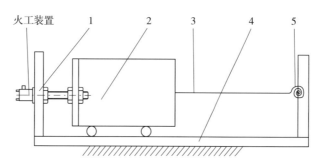

图 3-20　火工装置分离速度试验

1—支架；2—分离车；3—绳索；4—导轨；5—定力弹簧

$$v = \left(\sqrt{\frac{m_2 m_3}{m_1^2 + m_1 m_2}} + \sqrt{\frac{m_1 m_3}{m_2^2 + m_1 m_2}} \right) v_3 \qquad (3-2)$$

其中，v_3 可以通过地面试验测得，m_1、m_2、m_3 的数值是已知的，因此，通过式（3-2）可以得到在轨分离时的速度 v。

除上述试验外，还有力学环境试验等，这些试验本质上属于非破坏性试验。值得指出的是，火工装置没有验收级试验，所有环境试验的条件均按鉴定条件施加。

3.6　火工装置可靠性及安全性保证

为保证火工装置的可靠性和安全性，在设计、生产、包装、运输、安装使用等多个环节都要采取相应的措施。

1）火工装置的生产单位要具备生产资质。火工装置的生产涉及到火药的操作，如火药的运输、称量、粘合等，这些都是极其危险的操作，必须由具备生产资质的单位严格按照相应的规范生产，并且由专门人员进行操作，避免爆炸等重大事故的发生。

2）选用安全可靠的电起爆器。为了保证火工装置可靠发火，且避免误起爆，常选用钝感起爆器。这样的电起爆器在 1 A/1 W 的电流作用下，5 min 的时间内都不会起爆，而当电流及功率达到一定数值后，在一个较宽的电流、电压范围内都能起爆。

3）采用双起爆器起爆火工装置。对于关键的火工装置，采用双起爆器起爆。通过合理的布置，保证两个起爆器中的任何一个起爆，都可以引爆另一个起爆器，并点燃主装药，进而保证在任何情况下火工装置的驱动压力都是确定的。

4）检测起爆器的相关电阻。对电起爆器而言，两个物理参数非常重要，即导通电阻和绝缘电阻。这两个电阻的数值必须满足一定的要求，才能证明起爆器的有效性。因此，要在不同阶段对这两个参数进行多次测量，以确保电起爆器性能正常。

5）对起爆器进行短路保护。为了避免起爆器误起爆，在火工装置运输、贮存等很多情况下，都要用专门的短路保护插头将起爆器保护起来，使起爆器的插针处于短路状态，避免因电流意外流经起爆器而导致误起爆。

6）实测影响火工装置性能的关键参数。在加工、装配以及试验中对影响火工装置性能的参数进行实测，并准确记录实测的数据，例如活塞与活塞筒的配合尺寸、起爆器的电阻值、解锁时间、分离冲量等。通过比对不同批次产品的数据，判断本批产品性能的一致性以及本批产品与以往产品是否存在性能差别。

7）合理控制投产数量及包装方式。火工装置不同于一般的航天器机构，任何一批火工装置的投产，都必须按规范要求抽取一定数量的产品进行相应的试验。为了避免由于过多的产品用于试验而导致浪费，同批产品中投产的数量要尽可能多。这样做的不足之处是可能导致火工装置的贮存时间较长，例如长达 5 年的贮存时间。考虑到火工装置多采用 MoS_2 干膜润滑，而湿度对 MoS_2 干膜的影响较大，为了避免这一影响，对火工装置常采用塑封的方式进行密封、避光包装。

8）正确安装使用火工装置。由经过专门培训并考核合格的技术人员安装火工装置，在操作过程中按规定戴好相应的防静电腕带，并将其与接地线可靠连接，而后按规定的方法安装火工装置，施加相应的拧紧力矩，同时避免产品在转运过程中发生磕碰。

9）采取综合措施控制火工装置的冲击。1971 年 6 月 29 日，联盟 11 号飞船返回舱上的阀门曾因火工冲击而错误打开，导致 3 名航天员因舱内瞬间泄压而遇难[18]。为避免火工装置的冲击影响，常通过适当增加火工装置的初始容积，来减小压力增长的速度；或在活动部件运动停止位置的附近增加缓冲环节，吸收活动部件的冲击能量；或在火工装置与航天器机构的安装面上增加缓冲环节，缓冲作动冲击。

3.7　火工装置可靠性分析、验证与评估

3.7.1　可靠性分析

考虑到火工装置连接的可靠性主要靠连接件的强度裕度保证，而相应连接件的强度裕度一般不小于 2，因此火工装置的连接可靠度一般被认为是 1。火工装置可靠性分析的重点是解锁、分离的可靠性。

许多火工装置作动的结果是解锁、分离成功或失败，属于典型的成败型动作。可以按照传统成败型计数法试验对执行机构进行可靠性分析，但这种方法所需试验件的数量巨大，表 3-1 为在预期可靠度下解锁螺母解锁功能成败型试验所需试验件的数量。

表 3-1　解锁螺母解锁功能成败型试验所需试验件的数量

可靠度	置信度 γ	试验中允许失败的次数	试验总次数（解锁螺母数量）
0.999 67	0.7	0	3 648
		1	7 391
	0.9	0	6 977
		1	11 786

从表 3-1 中可以看出，在置信度 $\gamma = 0.7$ 的情况下，要保证解锁螺母的可靠度不小于 0.999 67，最少需要进行 3 648 次解锁试验，且无一失败；若允许试验中仅有一次解锁失

败，则至少需要进行 7 391 次解锁试验。在置信度 $\gamma = 0.9$ 的情况下，所需解锁螺母的数量更多。如果在实际工程研制中按这种方法进行可靠性分析，那么所需的试验费用之多、试验周期之长都是无法承受的，因此，需要寻找更高效、更可行的可靠性分析方法。

图 3-21 所示为一种典型的火工解锁螺母的组成示意图，它主要由火工动力源和执行机构组成，其中火工动力源包括两个电起爆器，执行机构包括密封圈Ⅰ、密封圈Ⅱ、活塞、弹簧、剪切销、套筒、螺母瓣、螺栓等。

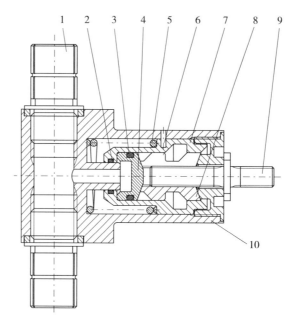

图 3-21　火工解锁螺母的组成示意图

1—电起爆器；2—密封圈Ⅰ；3—密封圈Ⅱ；4—活塞；5—弹簧；

6—剪切销；7—套筒；8—螺母瓣；9—螺栓；10—壳体

上述火工解锁螺母由两个互为冗余的电起爆器和执行机构串联而成。解锁螺母的解锁可靠性框图如图 3-22 所示。鉴于电起爆器一般为成熟产品，可从相关产品手册直接查得其发火可靠度，所以只需对执行机构的工作可靠性进行试验分析。

图 3-22　解锁螺母的解锁可靠性框图

由图 3-22 易知，其可靠性模型可由式（3-3）表示

$$R_{\text{解锁}} = \left[1 - (1 - R_{\text{起爆}})^2\right] R_{\text{执行}} \tag{3-3}$$

式中　$R_{\text{解锁}}$——解锁螺母的解锁可靠度；

$R_{起爆}$——电起爆器的发火可靠度；

$R_{执行}$——执行机构的工作可靠度。

执行机构的工作原理为：电起爆器产生的高压燃气通过活塞、套筒与壳体之间的空隙作用于套筒上，当燃气压力大于解锁阻力（即剪切销的抗剪切能力、弹簧力及轴向摩擦力的合力）时，便可以推动套筒运动，解除对螺母瓣的约束，进而解除对螺栓的约束，实现解锁螺母的解锁。即只要燃气压力始终大于解锁阻力，执行机构就能完成解锁动作，所以执行机构的工作可靠度等同于解锁瞬间燃气压力大于解锁阻力的概率。因此，可以利用燃气压力和解锁阻力这两个物理量对执行机构的工作可靠性进行分析，而且这种方法更能直观地表达解锁螺母的解锁能力。

对于解锁瞬间的燃气压力，可以通过安装有相应起爆器且与解锁螺母具有相同容积的模拟件的点火试验来获得。对于实际的解锁阻力，可以在万能试验机上获得。可靠性特征量可以选取解锁螺母的燃气压力 X 和最大解锁阻力 Y，特征量的容许限为燃气压力 X 大于最大解锁阻力 Y，即 $X>Y$，特征量分布规律假设为正态分布。

3.7.2　可靠性验证

解锁可靠性要通过电起爆器发火产生的燃气压力测试和执行机构的最大解锁阻力测试进行验证。

3.7.2.1　燃气压力测试

执行机构是在两个电起爆器起爆后燃气压力的推动下完成解锁的。解锁螺母解锁瞬间的容腔为密封的静态空间，因此，按解锁螺母的初始容积设计相应的容腔模拟件，把电起爆器和相应的容腔模拟件装配后进行点火试验，测试其中的燃气压力，每次试验中得到的压力最大值即为解锁螺母的燃气压力 X。解锁螺母燃气压力测试原理如图 3-23 所示。

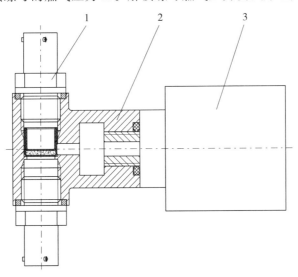

图 3-23　解锁螺母燃气压力测试原理

1—电起爆器；2—容腔模拟件；3—测压传感器

3.7.2.2　最大解锁阻力测试

由于解锁阻力受活动部件之间摩擦特性以及螺栓预紧力等因素的影响，特别是后者对解锁阻力的影响，因此，在进行最大解锁阻力测试时，首先按要求的拧紧力矩把解锁螺母拧紧在模拟工装上，模拟工装的材料和表面光洁度要与预期使用的安装结构完全一致，以保证测试时螺栓承受的预紧力与实际使用时完全相同。而后利用万能试验机加载，推动活塞运动，记录解锁过程中推力的数值，解锁过程中推力的最大值即为解锁螺母的最大解锁阻力 Y。

3.7.3　可靠性评估

3.7.3.1　可靠性评估方法

燃气压力 X 和最大解锁阻力 Y 通常为服从正态分布的随机变量，可以根据应力-强度干涉理论对解锁螺母解锁可靠性进行评估。

假设共进行了 m 次燃气压力测试，得到相应的燃气压力数据 x_i（$i=1$，2，$\cdots$，m，这里 m 一般取 30）；同时进行了 n 次最大解锁阻力测试，得到相应的最大解锁阻力数据 y_i（$i=1$，2，$\cdots$，n，n 的值与 m 的值相近），则相应的样本均值 $\bar{x}$、$\bar{y}$ 和标准差 s_x、s_y 分别为

$$\bar{x}=\frac{1}{m}\sum_{i=1}^{m}x_i，\bar{y}=\frac{1}{n}\sum_{i=1}^{n}y_i \qquad (3-4)$$

$$s_x=\sqrt{\frac{\sum_{i=1}^{m}(x_i-\bar{x})^2}{m-1}}，s_y=\sqrt{\frac{\sum_{i=1}^{n}(y_i-\bar{y})^2}{n-1}} \qquad (3-5)$$

令解锁螺母的解锁动力余量 Z 为

$$Z=X-Y \qquad (3-6)$$

则其均值 $\bar{z}$ 和方差的估计量 s^2 分别为

$$\bar{z}=\bar{x}-\bar{y} \qquad (3-7)$$

$$s^2=s_x^2+s_y^2 \qquad (3-8)$$

由于执行机构的可靠度 R 为

$$R=P\{X>Y\} \qquad (3-9)$$

即

$$R=P\{Z>0\} \qquad (3-10)$$

根据二维单侧容限系数方法，解锁螺母解锁动力余量 Z 的可靠度 R、置信度 γ 的百分位值单侧置信下限 Z_{RL} 为

$$Z_{RL}=\bar{z}-ks=\bar{x}-\bar{y}-k\sqrt{s_x^2+s_y^2} \qquad (3-11)$$

式中，k 为单侧容限系数，可由下式计算[19]

$$k=\frac{u_R+u_\gamma\sqrt{\frac{1}{n_e}\left(1-\frac{u_\gamma^2}{w}\right)+\frac{u_R^2}{w}}}{1-\frac{u_\gamma^2}{w}}\sqrt{\frac{2v-1}{2v-2}} \qquad (3-12)$$

$$w = 2\left(v + u_\gamma - 0.64 - \frac{1}{\sqrt{v + u_\gamma - 0.64}} \right) \tag{3-13}$$

式中，$n_e = \dfrac{s_x^2 + s_y^2}{\dfrac{s_x^2}{m} + \dfrac{s_y^2}{n}}$，$v = n_e - 1$，$n_e$、$v$ 分别为 $\bar{z}$ 和 s^2 的自由度；u_R、u_γ 分别为标准正态

分布的 R 分位数和 γ 分位数。

由式（3-9）～式（3-13）可得，在置信度 γ 下，执行机构的可靠度单侧置信下限 $R_{执行}$ 为

$$R_{执行} = \Phi\left(\frac{\bar{z}}{s} \sqrt{\frac{2v-2}{2v-1}} - u_\gamma \sqrt{\frac{1}{n_e} + \frac{\bar{z}^2(2v-2)}{s^2 w(2v-1)}} \right) \tag{3-14}$$

结合两个电起爆器并联后的发火可靠度，由式（3-3）即可得到解锁可靠度 $R_{解锁}$。

3.7.3.2　可靠性评估误差分析

由最大解锁阻力和燃气压力的测试结果可知，动力余量 $Z(Z = X - Y)$ 的变异系数 C_v 为

$$C_v = \frac{s}{\bar{z}} = \frac{\sqrt{s_x^2 + s_y^2}}{\bar{x} - \bar{y}}$$

变异系数 C_v 表征了动力余量的无量纲分散程度。

解锁螺母解锁动力余量百分位值估计量为

$$\hat{z}_R = \bar{z} - u_R s \tag{3-15}$$

即动力余量 Z 以概率 R 大于 $\hat{z}_R$，其估计值的相对误差上限 δ 可由下式计算[20]

$$\delta = \frac{t_{\gamma/2}(v) C_v \sqrt{\dfrac{1}{n_e} + u_R^2(c^2 - 1)}}{1 + u_R c C_v} \tag{3-16}$$

式中，$t_{\gamma/2}(v)$ 是自由度为 v 的 t 分布上 $\gamma/2$ 分位数；$c = \sqrt{\dfrac{v}{2}} \Gamma\left(\dfrac{v}{2}\right) / \Gamma\left(\dfrac{v+1}{2}\right) \approx$

$\sqrt{\dfrac{2v-1}{2v-2}}$ 为标准差估计量 s 的修偏系数；$\Gamma(\cdot)$ 为伽马函数。根据试验结果，由式（3-16）即可得到可靠性评估的相对误差上限 δ。对于预先给定的误差上限 δ_0，要保证可靠性评估的相对误差上限 δ 不大于 δ_0，所需的最少试验次数 n 可由下式计算

$$n = \frac{t_{\gamma/2}^2(v) C_v^2}{\delta_0^2(1 + u_R c C_v)^2 - t_{\gamma/2}^2(v) u_R^2 C_v^2(c^2 - 1)} \tag{3-17}$$

在工程实践中，一般取 δ_0 为 5%。

需要指出的是，在工程研制过程中，一般首先根据式（3-17）求得最少试验次数，而后再根据经验估算出试验可能出现的无效次数，二者的和才是可靠性试验的实际最少次数，据此准备相应的试验件，而后进行相应的试验，测量、记录相应的物理量，最后进行相应的可靠性评估。

3.8　着陆缓冲机构压紧释放装置设计

3.8.1　功能要求与任务分析

在发射段，压紧释放装置将收拢状态的着陆缓冲机构可靠压紧，确保着陆缓冲机构的外包络尺寸满足运载的要求，入轨后按指令要求可靠解锁，为着陆缓冲机构的展开创造条件，且在解锁过程中的冲击尽可能小。

与此功能要求相对应，还有详细的性能要求，包括最大承载能力、最大预紧载荷、解锁可靠度、外形尺寸、机械接口与电接口、产品质量、工作温度、贮存温度及寿命等。

由功能要求可知，该装置只需要压紧与解锁功能，因此，选择解锁螺母即可满足要求。另外，解锁螺母还具有解锁冲击小等特点，进一步考虑相应的性能要求并结合已有的设计经验，最终选定火工解锁螺母。

考虑到预紧力施加时存在一定的偏差，要确保最小预紧力/力矩满足要求。根据关键连接件的连接强度裕度不小于1的要求，解锁螺母的连接强度按最大预紧力的2倍考虑。考虑到解锁螺母的工作及贮存温度范围，从两方面对温度环境的影响予以分析。一是温度对火工药剂的影响，当温度超过一定范围后，火工药剂将会发生物理或化学变化，特别是在高温环境下，火工装置中的药剂会发生分解，这在一定程度上会影响火工装置工作的可靠性。根据《航天火工装置通用规范》GJB1307A的要求，火工药剂的分解温度至少比火工装置的工作温度（含贮存温度）高30 ℃，且在经历比最高预示工作温度高10 ℃和比最低预示工作温度低10 ℃的温度循环后，性能仍要满足要求。不同药剂对温度环境的适应范围存在差异，在设计产品时，重点考虑对温度环境适应范围较窄的药剂是否能够适应贮存和工作温度环境。二是温度对解锁中运动组件的影响，尽管运动组件一般由金属材料制成，对于温度环境的适应性较好，但极限温度影响运动副之间的间隙。在设计产品时，要确保运动组件材料的热匹配性良好。另外，为满足静电防护和适应空间电磁环境的要求，对解锁螺母采用钝感型电起爆器。

3.8.2　火工解锁螺母方案设计

3.8.2.1　设计准则

1）应执行标准化、通用化、规范化要求，在满足功能要求的前提下尽量简化产品组成；

2）应尽量采用经过飞行试验验证的成熟技术，或在已有技术基础上，通过最少的适应性改进措施，满足任务需求；

3）在满足外形尺寸、质量要求的前提下，应具有足够的安全裕度，对影响解锁功能的关键部件应采用冗余设计；

4）应尽量选用成熟的、经过飞行试验验证的原材料及元器件。

3.8.2.2　产品组成与工作原理

根据上述设计准则，确定解锁螺母的结构组成，它包括端盖、壳体、套筒、螺母瓣、剪切销、弹簧、活塞、密封圈 I、密封圈 II、缓冲垫、密封垫圈、钝感电起爆器和药盒等，如图 3-24 所示。

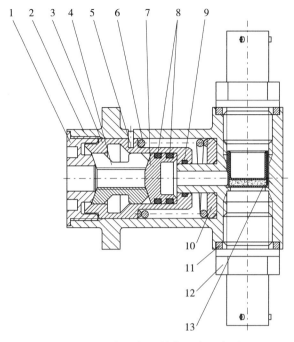

图 3-24　解锁螺母结构组成示意图

1—端盖；2—壳体；3—套筒；4—螺母瓣；5—剪切销；6—弹簧；7—活塞；8—密封圈 I；9—密封圈 II；
10—缓冲垫；11—密封垫圈；12—钝感电起爆器；13—药盒

连接时，压紧杆旋入螺母瓣形成螺纹副，通过施加轴向预紧载荷，三个螺母瓣受到套筒的径向约束与压紧杆形成完整的螺纹连接，在地面操作段和发射段持续保持连接状态，如图 3-25（a）所示。解锁时，套筒在火药燃烧产生的气体压力作用下移动一定的距离，解除对螺母瓣的径向约束，在压紧杆轴向拉力的作用下，螺母瓣向远离轴线的方向移动，解除对压紧杆螺纹的约束，从而实现解锁，如图 3-25（b）所示。解锁前后螺母瓣的状态如图 3-26 所示。

3.8.2.3　螺母瓣螺纹设计

根据 GJB1307A 的要求，火工装置承力螺纹在满足连接强度要求的前提下，最小啮合数应为 5 个完整螺纹，螺纹直径不宜小于 4 mm。经初步计算，解锁螺母与压紧杆的啮合数为 10 个完整螺纹，螺纹取 M6。

螺母瓣的螺纹牙所受的拉应力 σ 及剪应力 τ 应满足式（3-18）和式（3-19）。

$$\sigma = \frac{3F_w h}{k_z \pi D b^2 z} \leqslant [\sigma] \tag{3-18}$$

$$\tau = \frac{F_w}{k_z \pi D b z} \leqslant [\tau] \tag{3-19}$$

式中　$[\sigma]$——螺纹材料的许用拉应力；

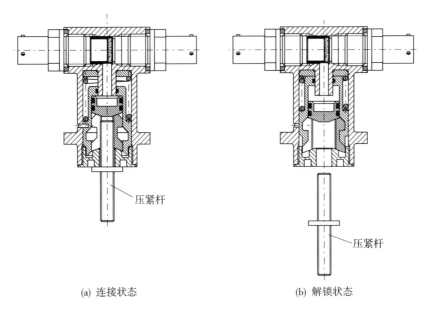

(a) 连接状态   (b) 解锁状态

图 3 - 25   解锁螺母连接与解锁状态示意图

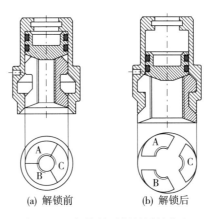

(a) 解锁前   (b) 解锁后

图 3 - 26   解锁前后螺母瓣的状态

F_w——最大轴向外载荷；

D——螺纹大径；

b——螺纹牙根部宽度；

z——受力螺纹的数量；

h——螺纹牙工作高度；

k_z——载荷不均系数；

$[\tau]$——螺纹材料的许用剪应力。

载荷不均系数 k_z 可表示为

$$k_z = 5p/d$$

式中　p——螺距；

　　　　d——螺纹公称直径。

当螺纹为普通螺纹时，取 b 为 0.87 mm，p 为 0.87 mm。根据技术要求取最大轴向外载荷 F_w 为 20 kN，考虑到螺纹大径 D 为 6 mm，螺纹牙工作高度 h 为 0.32 mm，受力螺纹的数量为 10。由上述条件及式（3-18）、式（3-19）可得，螺母瓣螺纹牙受到的拉应力 σ 及剪应力 τ 分别为

$$\sigma = \frac{3F_w h}{k_z \pi D b^2 z} = 156.63 \text{ MPa}$$

$$\tau = \frac{F_w}{k_z \pi D b z} = 141.95 \text{ MPa}$$

螺母瓣材料 $\sigma_{P0.2}$ 为 935 MPa，取抗剪切强度为 $\frac{1}{2}\sigma_{P0.2}$，安全系数为 1.4，则有轴向承载能力的裕度及横向抗剪切能力的裕度分别为 3.28 和 1.705，均大于 1，因此，螺母瓣螺纹牙强度满足要求。

3.8.2.4　连接可靠性校核

在解锁螺母的解锁路径上设计了剪切销和弹簧，用于防止解锁螺母在承受意外冲击和过载条件下的误解锁，确保连接可靠。剪切销对处于连接状态下解锁螺母的套筒进行限位，弹簧与剪切销共同防止解锁螺母的误解锁。

剪切销的抗剪切能力为

$$F = A\tau n \tag{3-20}$$

式中　F——剪切销的抗剪切能力；

　　　　A——剪切销的面积；

　　　　τ——材料的剪切强度；

　　　　n——剪切面数量。

剪切销受剪直径为 1.5 mm，材料为铝 5A03，其剪切强度为 136 MPa，剪切面数量为 1，可得其抗剪切能力为 240 N。

在主动段 1 000g（g 为地面重力加速度）冲击载荷作用下，质量为 18 g 的套筒将受到 180 N 的冲击力，远小于剪切销抗剪切能力与弹簧力之和 310 N（弹簧力为 70 N。解锁阻力还包括摩擦阻力，这里暂时忽略），因此，在剪切销和弹簧的作用下，可以有效防止解锁螺母误解锁。

3.8.2.5　解锁功能设计

由解锁螺母的组成和解锁原理可知，可靠解锁的前提是起爆器和药盒发火产生的燃气压力大于解锁阻力。解锁阻力由解锁时的摩擦阻力、剪切销剪切力和弹簧力三部分构成。摩擦阻力又包括预紧载荷引入的运动副摩擦阻力以及橡胶密封圈对运动副产生的摩擦阻力。

连接状态下螺母瓣的受力分析如图 3-27 所示，其中，N_1 为轴向负载，N_2 为下端盖

斜面作用在螺母瓣上的正压力，N_3 为套筒作用在螺母瓣上的正压力，F_g 为螺母瓣与端盖间的静摩擦力，F_k 为螺母瓣与套筒间的静摩擦力，α 为端盖斜面的角度。

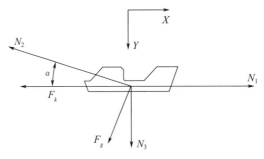

图 3-27　螺母瓣受力分析

由图 3-27 可知

$$\begin{cases} N_2\cos\alpha + F_k + F_g\sin\alpha = N_1 \\ N_2\sin\alpha = N_3 + F_g\cos\alpha \\ F_g = N_2 f \\ F_k = N_3 f \end{cases} \tag{3-21}$$

对解锁螺母采用 3 个螺母瓣均布的方案，因此每个螺母瓣所承受的轴向载荷为规定载荷的 1/3，即 $N_1 = 3.333\ \text{kN}$（预紧力按 10 kN 计算），取螺母瓣与套筒和端盖间的静摩擦系数 f 为 0.12，端盖斜面角度 α 为 20°，代入式（3-21）可得

$$\begin{cases} N_2 = 3.306\ \text{kN} \\ N_3 = 0.758\ \text{kN} \\ F_g = 0.397\ \text{kN} \\ F_k = 0.091\ \text{kN} \end{cases}$$

假定套筒为刚体，单个螺母瓣施加于套筒上的正压力通过套筒完全传递于壳体上，则套筒与壳体间的静摩擦力 $F_q = 3F_k$，为 273 N，预紧载荷引入的运动副摩擦阻力 $F_m = F_q + 3F_k$，为 546 N。

根据设计经验，在相似尺寸的密封圈及压缩率条件下，解锁所需的气压约为 0.5 MPa。

螺母解锁时，燃气作用在套筒内端面的圆环区域，作用面积约为 44.745 mm^2，考虑到上述 3 种解锁阻力，并结合解锁时燃气压力的作用面积，可以估算出解锁所需的燃气压力约为 19 MPa。由于解锁阻力受预紧载荷均匀性、环境温度、活动部件摩擦系数等随机因素的影响，因此它将呈现一定的离散性。根据经验，取散布系数为 0.3，则解锁所需燃气压力为 24.7 MPa。根据 GJB1307A 的要求，火工装置应在单边 80％装药量条件下可靠解锁，考虑燃气压力散布系数，即得螺母单边装药输出压力不低于 40.14 MPa。考虑到所选用的起爆器及其内部的装药量，结合火工解锁螺母的初始容积，可以得到单个起爆器可产生的压力为 20.83 MPa，远低于所需的 40.14 MPa 的要求，因此，需要向工作容腔内增加主装药。主装药为 2/1 樟枪药，由于其为固体柱状细小颗粒，小于 30 mg 将不利于药

剂称量中的增减操作，因此，取装药量为 30 mg。依据爆压经验公式，30 mg 樟枪药产生的燃气压力 P 为

$$P = \frac{mf_{\text{炸药力}}}{V_{\text{容腔}}} g_{\text{修}} \qquad (3-22)$$

式中　m——装药量；

　　　$f_{\text{炸药力}}$——每毫克樟枪药的炸药力；

　　　$V_{\text{容腔}}$——密闭容腔容积；

　　　$g_{\text{修}}$——经验修正系数。

代入数据，计算可得燃气压力 P 为 35.78 MPa。

　　因此，由两个起爆器和 30 mg 樟枪药共同产生的燃气压力为 77.44 MPa，满足解锁所需的 40.14 MPa 的要求。

3.8.2.6　机构润滑设计

　　对解锁螺母中所有发生相对运动的表面喷涂 MoS_2 润滑膜，保证解锁时摩擦力的稳定性，进而保证可靠解锁。

3.8.2.7　密封设计

　　为了避免点火后火药燃气发生泄漏，确保解锁的可靠性，同时兼顾运动组件的运动需要，对解锁螺母采取了两类密封措施。对起爆器与壳体之间的静态密封采取铝垫圈和封严槽相结合的措施。对活塞与套筒之间、套筒与壳体导气槽之间的动态密封分别采用橡胶密封圈 I 和橡胶密封圈 II。密封圈 I 为双道 O 型密封圈，密封圈 II 为单道 O 型圈。具体密封结构示意图如图 3-28 所示。

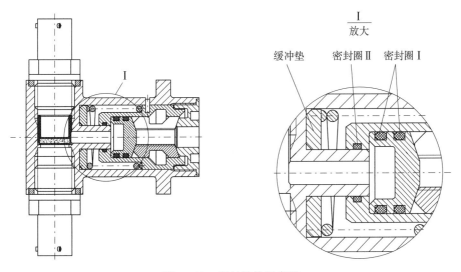

图 3-28　密封结构示意图

　　在图 3-28 中，套筒端面与壳体底面之间的缓冲垫用于吸收螺母解锁后二者之间的冲击能量，同时，缓冲垫在套筒冲击下发生变形，进一步增强了密封效果。

　　壳体与铝垫圈支承面处的封严槽如图 3-29 所示，装配时应控制预紧力大小，使铝垫圈发生塑性变形，在封严槽的作用下，变形的铝垫圈与壳体支承面之间压实，增强了铝垫圈的密封效果。

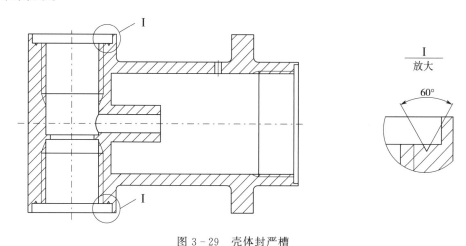

图 3-29　壳体封严槽

3.8.2.8　结构强度校核

　　起爆器为密封结构，经设计校核，该起爆器结构强度不低于 300 MPa，并通过了 120 MPa 承压强度验证试验，能够满足解锁螺母工作压力约 80 MPa 的使用需求。

　　解锁螺母的壳体材料为钛棒 TC4，强度校核结果表明，火药输入爆压（按照 120％ 工作压力计算，为 96 MPa，圆整后取 100 MPa）在壳体上产生的最大拉应力 σ 为 508 MPa，如图 3-30 所示。TC4 材料的屈服强度 $\sigma_{P0.2}$ 为 825 MPa，$\sigma_{P0.2}/\sigma$ 大于 1.5，壳体结构不会遭到破坏。

　　活塞材料为钢棒 1Cr17Ni2，强度校核结果表明，火药输入爆压（100 MPa）在活塞上产生的最大拉应力 σ 为 487 MPa，如图 3-31 所示。1Cr17Ni2 材料屈服强度 $\sigma_{P0.2}$ 为 835 MPa，$\sigma_{P0.2}/\sigma$ 大于 1.5，活塞结构不会遭到破坏。

　　套筒设计状态如图 3-32 所示。螺母套筒材料也为 TC4，抗拉强度 σ_b 不低于 895 MPa，屈服强度 $\sigma_{P0.2}$ 不低于 825 MPa。

　　解锁螺母解锁时，火药受激发，在由活塞和套筒内腔底部构成的密闭容腔中将形成高压环境，此时可把套筒看作闭口厚壁圆筒。受内压的闭口厚壁圆筒的强度条件为

$$\frac{2P_i b^2}{b^2 - a^2} \leqslant [\sigma] \tag{3-23}$$

式中　P_i——内压力（仍取 100 MPa）；

　　　b——筒体外侧半径；

　　　a——筒体内侧半径。

von Mises(N/m²)
508 115 616.0
465 773 334.0
423 431 072.0
381 088 800.0
338 746 560.0
296 404 288.0
254 062 016.0
211 719 744.0
169 377 472.0
127 035 208.0
84 692 936.0
42 350 668.0
84 017

von Mises(N/m²)
508 115 616.0
465 773 334.0
423 431 072.0
381 088 800.0
338 746 560.0
296 404 288.0
254 062 016.0
211 719 744.0
169 377 472.0
127 035 208.0
84 692 936.0
42 350 668.0
84 017

图 3 - 30　壳体结构强度校核

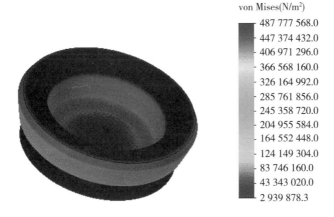

von Mises(N/m²)
487 777 568.0
447 374 432.0
406 971 296.0
366 568 160.0
326 164 992.0
285 761 856.0
245 358 720.0
204 955 584.0
164 552 448.0
124 149 304.0
83 746 160.0
43 343 020.0
2 939 878.3

图 3 - 31　活塞结构强度校核

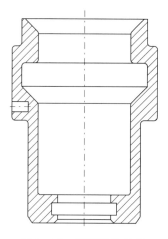

图 3 - 32　套筒设计状态

按照上式校核如下

$$\frac{2P_i b^2}{b^2 - a^2} = \frac{2 \times 100 \times 8.5^2}{8.5^2 - 7^2} = 621.5 \text{ MPa} < \sigma_b = 895 \text{ MPa}$$

因此，套筒强度满足要求。

按照圆筒受均布压力的强度条件对套筒进行进一步校核。圆筒在承受内压力 q_a 和外压力 q_b 的条件下，产生的拉应力 σ_θ 可用式（3 - 24）计算

$$\sigma_\theta = \frac{\dfrac{b^2}{r^2} + 1}{\dfrac{b^2}{a^2} - 1} q_a - \frac{1 + \dfrac{a^2}{r^2}}{1 - \dfrac{a^2}{b^2}} q_b \qquad (3 - 24)$$

式中，r 为圆筒任一点所在圆的半径，b、a 意义同上。

当圆筒只有内压力 q_a 作用时，外压力 q_b 为 0，式（3 - 24）可简化为

$$\sigma_\theta = \frac{\dfrac{b^2}{r^2} + 1}{\dfrac{b^2}{a^2} - 1} q_a \qquad (3 - 25)$$

式中，b、a、r 的意义同上。取 $r = a$（此时的拉应力 σ_θ 值最大），则有

$$\sigma_\theta = \frac{\dfrac{b^2}{r^2} + 1}{\dfrac{b^2}{a^2} - 1} q_a = \frac{\dfrac{8.5^2}{7^2} + 1}{\dfrac{8.5^2}{7^2} - 1} \times 100 = 521.5 \text{ MPa} < \sigma_b = 895 \text{ MPa}$$

因此，套筒强度满足要求。

3.8.2.9　尺寸链校核

通过分析发现，缓冲垫压实厚度不能过小，否则可能会影响密封，因此缓冲垫初始厚度不能过小，但缓冲垫初始厚度也不能过大，否则会影响套筒解锁运动所需的行程，影响可靠解锁。影响密封和解锁功能的零件有套筒、螺母瓣、端盖、壳体和缓冲垫，针对不利

于解锁功能实现和不利于密封功能实现的两种极限情况，对相关零件尺寸分别取极限偏差值，分析解锁到位后最终的螺母瓣张开尺寸和缓冲垫压实尺寸。结果表明，在两种极端情况下，螺母瓣张开尺寸和缓冲垫压实尺寸均满足解锁螺母可靠解锁的要求。

3.8.2.10　温度环境适应性分析

解锁螺母在轨预期的工作温度范围较大。尽管螺母的主要零部件由金属材料制造，对于温度环境的适应性较好，但火工药剂在高温下存在稳定性降低的隐患，O 型密封圈、运动副的活动间隙对环境温度也较为敏感，因此需对温度环境的影响进行专门分析。

所选用的起爆器中的药剂由中性斯蒂芬酸铅（LTNR）和烟火药组成。其中，LTNR 是起爆器的第一级发火药，在高温下可能有结晶水析出，影响发火和输出性能。烟火药粘合剂的主要成分是硝化棉，硝化棉在 120 ℃ 的高温下会发生分解，使烟火药剂的颗粒分离、脱落从而影响点火性能。经分析，解锁螺母在轨使用时的预示最高工作温度低于 100 ℃，因此具有良好的稳定性。

主装药为 2/1 樟枪药，其成分是硝化棉和樟脑，防潮湿性较好。硝化棉的主要作用是产生燃气做功，樟脑的作用是调节硝化棉的燃速。进一步分析表明，在解锁螺母可能的最高工作温度下，主装药具有良好的稳定性。

在 O 型密封圈选材过程中，充分考虑了相应的工作温度，选材结果可以满足温度环境要求。

根据解锁螺母的结构特点，以解锁螺母预期的工作温度范围为基础，将两端（最低、最高工作温度）进一步外扩 15 ℃，作为热变形分析的依据。对受热变形影响较大的、不同材料制造的相邻零件进行分析，包括壳体、套筒、活塞与螺母瓣等，结果表明，热变形不会改变解锁螺母原有的配合状态。

3.8.2.11　可靠性设计

为保证连接功能可靠，在壳体内腔中通过弹簧来支承套筒，限制套筒的轴向移动，防止因套筒对螺母瓣的径向约束解除而发生误解锁；在壳体与套筒间增加剪切销，进一步限制发火前套筒的轴向移动，防止在发射或飞行过程中受载荷影响而造成误解锁。

为保证解锁功能可靠，采用双起爆器点火，保证发火的可靠性。对解锁过程中所有发生相对运动的对偶面零件中的一个表面喷涂 MoS_2 润滑膜，保证解锁可靠性，防止解锁过程中的运动卡死。采用成熟的密封设计，保证密封的可靠性，防止因燃气外泄导致解锁过程中燃气压力不足，包括选择耐压能力强的起爆器，以及在壳体内腔导气槽、套筒、活塞间采用单道 O 型密封圈密封，在点火器与壳体间采用金属垫圈密封，并在壳体支承面上增加封严槽。

3.8.2.12　关键特性分析

为了进一步确保产品的质量，保证连接、解锁功能的可靠，要对设计关键特性、工艺关键特性和过程控制关键特性作全面分析，确保在设计、工艺及过程控制中，对影响产品性能的结构参数（尺寸及形状精度）、物理参数（装药量、起爆器阻值、剪切销的抗剪切能力、密封性能）等进行全面量化控制，以保证产品性能稳定。在实际工程研制中，这是一项重要的工作内容。

3.8.2.13　测试与试验矩阵

为了全面系统地验证产品的性能，要确定合理的测试与试验矩阵。它包括测试与试验项目、对应的产品状态、产品数量、测试与试验基本方案等，用于指导产品测试与试验工作有序开展。全面、科学、合理的测试与试验矩阵是产品性能在地面得以充分验证的基础，也是产品性能得以充分保证的前提。解锁螺母的测试与试验矩阵如表 3 - 2 和表 3 - 3 所示。

表 3 - 2　测试项目

序号	试验项目	试验件数量
1	剪切销抗剪切能力测试	抽检
2	气动解锁测试	全检
3	氦质谱检漏	全检

表 3 - 3　环境试验项目

序号	试验项目
1	热循环试验
2	加速度试验
3	冲击试验
4	正弦振动试验
5	随机振动试验
6	热真空试验
7	高温发火试验
8	低温发火试验

参 考 文 献

［1］　于登云，杨建中，等．航天器机构技术［M］．北京：中国科学技术出版社，2011.

［2］　刘竹生，王小军，朱学昌，等．航天火工装置［M］．北京：中国宇航出版社，2012.

［3］　张欢，刘天雄，李长江，等．航天器火工冲击环境防护技术现状与应用［J］．航天器工程，2014，23（2）.

［4］　丁继锋，赵欣，韩增尧．航天器火工冲击技术研究进展［J］．宇航学报，2014，35（12）.

［5］　BARRETT S，KACENA W J．Methods of attenuating pyrotechnic shock［R］．The Shock and Vibration Bulletin，Part 4，1972.

［6］　GJB 1307A - 2004 航天火工装置通用规范［S］.

［7］　BEMENT L J．Pyrotechnic system failures：causes and prevention［R］．NASA - TM - 100633，1988.

［8］　QJ 3198 - 2004 航天火工装置安全技术要求［S］.

［9］　GJB 2001 - 1994 火工品包装、运输、贮存安全要求［S］.

［10］　李新立，吴琼，罗毅欣，等．一种火工分离螺母释放可靠性的试验方法［P］．中国专利：ZL201410180588.3.

［11］　杨建中，吴琼，徐青华，等．一种着陆缓冲机构展开可靠性的试验方法［P］．中国专利：ZL201418002447.3.

［12］　袁家军．卫星结构设计与分析［M］．北京：中国宇航出版社，2004.

［13］　BEMENT L J，MULTHAUP H A．Determining functional reliability of pyrotechnic mechanical device［C］．33rd AIAA/ASME/SAE Joint Propulsion Conference&Exhibit．1997.

［14］　К. С. КОЛЕСНИКОВ，Динамик разделения ступеней летатель - ных аппаратов［M］．Москва МАШИНОСРОЕНИЕ，1977.

［15］　GJB 2499A - 2006 包带弹簧式星箭连接分离装置通用规范［S］.

［16］　CHUCK L．Refinement of a low - shock separation system［C］．Proceedings of the 41st Aerospace Mechanisms Symposium．2012.

［17］　娄汉文，杨建中．神舟飞船舱段之间连接分离方案［J］．航天器工程，2004，13（4）.

［18］　戴维·J·谢勒．载人航天飞行中的事故与灾难［M］．袁家军，邓敏，译．北京：中国宇航出版社，2005.

［19］　傅惠民．二维单侧容限系数方法［J］．航空学报，1993，14（3）.

［20］　高镇同．疲劳应用统计学［M］．北京：国防工业出版社，1986.

第 4 章　非火工装置

4.1　概述

　　虽然火工装置以其质量小、体积小、承载大、能耗低、可靠性高等优点，受到了连接分离设计师的特别青睐，但其解锁、分离时的作动冲击往往较大，且含有烟火药、炸药等危险物品，其制造、运输、贮存、使用等各个环节都需要采取专门的安全措施，这给产品的生产和使用带来了不便，同时使相应环节的成本显著增加。特别是其较大的解锁、分离作动冲击，极易对光电等精密仪器以及复合材料结构造成损伤。美国曾做过统计，截至1987 年，在近 600 次的航天器发射中，出现了 84 次与火工装置冲击有关的故障[1]。当前，随着高精密空间有效载荷的发展，对火工装置冲击敏感的精密光电元器件越来越多，并且随着微小卫星技术的发展，许多卫星的质量和体积越来越小，火工装置冲击衰减的路径越来越短，因此，火工装置冲击的影响越来越突出，对火工装置冲击的有效控制越来越迫切。为了彻底克服火工装置冲击较大的固有缺点，确保航天器高精密有效载荷的安全，在一些情况下非火工装置得到了应用[2-12]。非火工装置采用非火工元件提供作动的动力，实现解锁、分离等功能，通过延长作动时间，来有效减小解锁、分离过程中的冲击。另外，与火工装置不同，许多非火工装置工作后可以直接再次使用，或通过部分组件更新后再次工作，因此，用于飞行试验的非火工装置的性能大多可以通过地面试验进行直接验证，这有利于产品性能的全面评价及确认，有利于产品质量的全面保证。

　　非火工装置一般也存在一定的作动冲击，其作动冲击也同样与输入能量（预紧载荷及其对应的连接系统的弹性变形）、作动时间之间存在着密切联系。输入能量越大，作动时间越短，其解锁、分离时的冲击越大，但保证其解锁、分离同步性的难度越小。反之其解锁、分离时的冲击越小，但保证解锁、分离同步性的难度显著增加。根据非火工装置动力源的不同，可以将其分为热刀、石蜡致动装置、记忆合金驱动装置、弹簧分离装置等[2-3]。

　　与火工装置相比，非火工装置最显著的优点就是冲击较小，可以应用于对冲击敏感的场合。此外，非火工装置还具有安全性高（无火药）、类别多样的优点，可满足多种形式的连接、解锁及分离的需要，但同时也具有单位连接力所需的体积大、质量大、功耗大以及解锁时间长等显著缺点。因此，到目前为止，非火工装置在航天器上的应用远不如火工装置普遍。对于解锁同步性要求高，质量及外形尺寸限制严的场合，仍不得不选用火工装置。

　　与火工装置相似，也可以根据非火工装置的不同功能，将其分为非火工连接装置、非火工分离装置等。

4.2　非火工连接装置

非火工装置解锁、分离的动力多来自压缩弹簧或记忆合金、石蜡等可加热变形材料，或者热刀等高温切割元件。记忆合金是 20 世纪 60 年代发展起来的一种新型功能材料，是一种能在一定温度下进行奥氏体—马氏体转变的合金。具有一定初始形状的记忆合金在马氏体状态下发生塑性变形，加热到某一临界温度以上又可恢复成初始形状，将这种能够记住其原始形状的功能称为形状记忆效应。形状记忆合金的形变量是一般弹性材料的 20 倍以上，回复应力为 300～600 MPa。记忆合金主要有镍钛基（TiNi）、铜基、铁基三大类，镍钛基是目前发现的形状记忆效应最好的一种合金，其抗拉强度大于 1 000 MPa，延伸率大于 20%，回复应变大，稳定性好，可重复使用，抗腐蚀性和耐磨性好，是一种性能优异的功能材料[13]。

4.2.1　非火工解锁螺栓

图 4-1 所示是一种非火工解锁螺栓，它通过完整的螺栓体及其受力后的断裂，分别实现连接和解锁，因此也称之为断裂螺栓。断裂螺栓与爆炸螺栓的工作原理相似，二者的不同之处在于：爆炸螺栓依靠火药的爆炸力使螺栓体断裂从而实现解锁，所以冲击很大；而断裂螺栓一般通过记忆合金驱动器的作用使螺栓断裂，由于记忆合金驱动器作动所需的时间相对较长，所以断裂螺栓的解锁冲击很小。断裂螺栓与普通螺栓的连接相似，只是在螺母与目标体之间增加了记忆合金驱动器。目标体解锁时，记忆合金驱动器加热膨胀，使断裂螺栓在削弱槽处断裂，从而解除对目标体的约束，实现目标体的解锁。

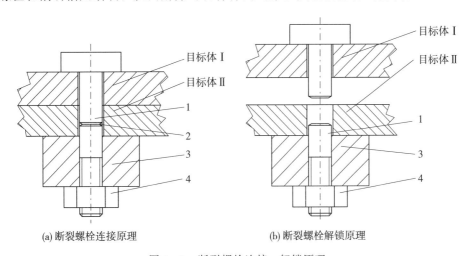

(a) 断裂螺栓连接原理　　　　　　(b) 断裂螺栓解锁原理

图 4-1　断裂螺栓连接、解锁原理

1—螺栓；2—削弱槽；3—记忆合金驱动器；4—螺母

由断裂螺栓的解锁原理可知，其中的螺栓不能重复使用，但记忆合金驱动器可以重复使用。

图 4-2 所示为一种非火工钢球螺栓[4]。非火工钢球螺栓与火工钢球螺栓的工作原理

相似，二者的不同之处在于后者依靠火药的爆炸力实现解锁，而非火工钢球螺栓则通过记忆合金弹簧驱动滑套运动，解除对钢球的约束，实现解锁，因此非火工钢球螺栓释放时的冲击很小。

非火工钢球螺栓在解锁过程中没有任何零件受到损伤，因此可以完全重复使用。

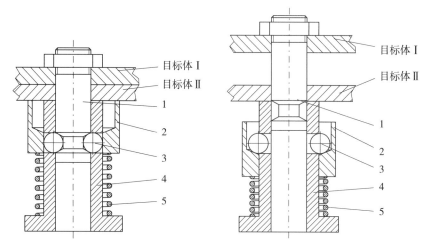

图 4 - 2　钢球螺栓连接、解锁原理

1—螺栓；2—滑套；3—钢球；4—滑杆；5—记忆合金弹簧

对于上述两种非火工装置，都要采取相应的措施，保证解锁后相应的部分仍然与目标体可靠连接，以避免因解锁而产生空间碎片。

4.2.2　非火工解锁螺母

非火工解锁螺母与火工解锁螺母的工作原理也非常相似。图 4 - 3 所示为一种典型的非火工解锁螺母，称之为非火工解锁螺母Ⅰ。它主要由记忆合金丝、锁簧、锁紧环、壳体、钢球、支撑环、扭转弹簧、多瓣螺母、螺栓等组成，通过位于多瓣螺母外壁的扭转弹簧的张紧和释放，实现弹簧直径的减小和增大，进而实现多瓣螺母对螺栓的加载和卸载，即连接和解锁。为了实现扭转弹簧的张紧和释放，需要一个专门的锁紧装置，如图 4 - 4 所示[5]。扭转弹簧的一端与壳体相连，另一端与支撑环相连。在锁紧时通过支撑环的旋转，使钢球落入支撑环的凹槽内，从而锁定支撑环，实现扭转弹簧的张紧。同时，锁紧环在锁簧的作用下，转过一个角度，这样进一步使支撑环可靠锁紧。与锁紧环相连的还有一根预张紧的记忆合金丝，当需要解锁时，记忆合金丝加热收缩，在收缩力的作用下，锁紧环相对壳体反向旋转到初始位置，钢球落入锁紧环的凹槽内，支撑环释放，从而失去对扭转弹簧的约束，扭转弹簧的直径增大，从而解除对多瓣螺母的径向约束，在预紧力的作用下，多瓣螺母沿径向向外运动，实现解锁。为了进一步提高解锁的可靠性，在螺栓的头部与目标体之间可以增加一个压缩弹簧，这样，一旦多瓣螺母对螺栓的约束解除，压缩弹簧可以主动将螺栓拔出。

该装置可以完全重复使用，特别适用于精密有效载荷的连接与释放。

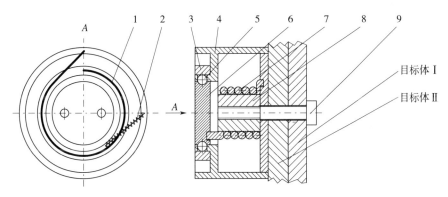

图 4 - 3　非火工解锁螺母 I

1—记忆合金丝；2—锁簧；3—锁紧环；4—壳体；5—钢球；6—支撑环；7—扭转弹簧；8—多瓣螺母；9—螺栓

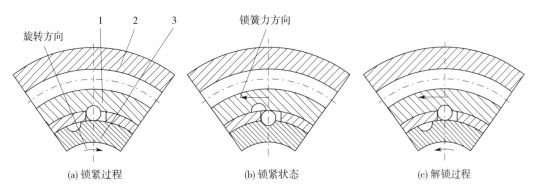

图 4 - 4　非火工解锁螺母 I 的锁定与解锁过程

1—锁紧环；2—壳体；3—支撑环

图 4 - 5 所示为另一种非火工解锁螺母[6]，称之为非火工解锁螺母 II。它主要由弹簧 I、滑块、锁钩、弹簧 II、钢球、记忆合金丝、壳体、锁紧环、多瓣螺母等组成。该解锁螺母的锁紧是通过钢球直接挤压多瓣螺母实现的。弹簧 I、滑块和锁钩的作用是防止螺母的误解锁。解锁时，记忆合金丝加热收缩，带动滑块移动，滑块对锁钩的约束解除，在弹簧 II 的作用下，锁钩发生偏转，解除对锁紧环的约束，锁紧环旋转，钢球落入锁紧环的凹槽中，螺母所受的径向约束解除，在螺栓预紧力的作用下，多瓣螺母沿径向向外运动，解除对螺栓的约束，从而实现解锁。该解锁螺母也可以完全重复使用。

图 4 - 6 所示也是一种非火工解锁螺母[7]，称之为非火工解锁螺母 III，它主要由螺栓、预紧螺母、定力弹簧、壳体、内环、外环等组成。该装置利用记忆合金的变形实现连接和解锁，其结构组成简单，同样可以完全重复使用。通过内环和外环的锥面配合实现连接，另一端通过预紧螺母实现预紧。为了保证连接力不受温度变化的影响，使用了定力弹簧，在一定的变形范围内，定力弹簧的弹力基本保持不变，这不仅避免了温度对连接力的影响，而且，还可以有效防止预紧螺母的松动。在该装置中，螺母内、外环的锥面配合只承受轴向力，径向力则由螺母外环与壳体承受。当目标体需要解锁时，把螺母内环或外环加

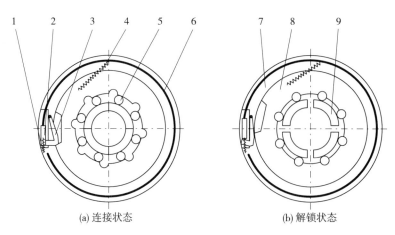

图 4 - 5　非火工解锁螺母Ⅱ

1—弹簧Ⅰ；2—滑块；3—锁钩；4—弹簧Ⅱ；5—钢球；6—记忆合金丝；7—壳体；8—锁紧环；9—多瓣螺母

热到材料的变形温度，螺母内环或外环变形，从而实现解锁。图 4 - 7（a）、图 4 - 7（b）所示分别为外环、内环变形时的解锁情况。为了保证解锁可靠，还可以在外环与壳体之间增加一个压缩弹簧，这样，在内、外环之间的约束解除后，主动将外环推出。

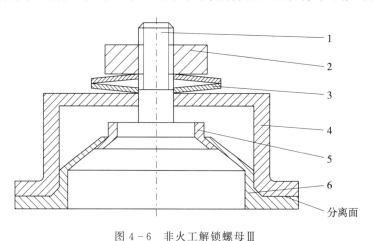

图 4 - 6　非火工解锁螺母Ⅲ

1—螺栓；2—预紧螺母；3—定力弹簧；4—壳体；5—内环；6—外环

在内、外环锥面之间应设有周向定位，以便预紧螺母拧紧。

一种利用记忆合金丝驱动的解锁装置（简称 BUAA1 装置）的基本组成，如图 4 - 8 所示[11]，它也是一种解锁螺母，由上连接件、下连接件、记忆合金丝、绝缘支座、端盖、箍筒、分瓣螺母、螺栓、分离顶块、绝缘滑轮、分离弹簧、外壳、复位弹簧、绝缘轴承、底座等组成。该装置采用 6 V 直流电源加热解锁，解锁时间约为 0.3 s。当解锁指令发出后，记忆合金丝加热收缩，拉动箍筒向下运动，同时压缩复位弹簧，当箍筒运动到一定位置时，分瓣螺母凸出部分掉入箍筒对应的凹槽中，分瓣螺母分开，螺栓从分瓣螺母中脱出，实现解锁。该装置解锁完成后在复位弹簧和螺母斜面的作用下可以复位。

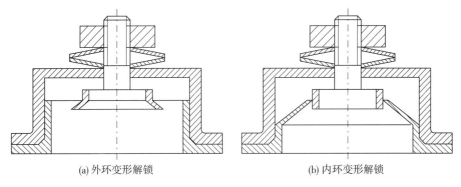

(a) 外环变形解锁　　　　　　　　　　　(b) 内环变形解锁

图 4 - 7　内、外环变形时解锁的情况

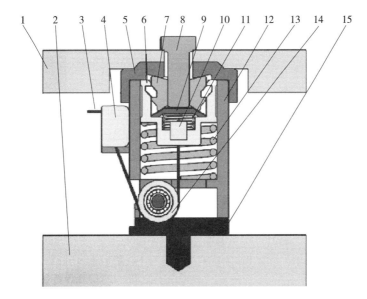

图 4 - 8　BUAA1 装置的基本组成

1—目标体 I ；2—目标体 II ；3—记忆合金丝；4—绝缘支座；5—端盖；6—箍筒；7—分瓣螺母；8—螺栓；
9—分离顶块；10—绝缘滑轮；11—分离弹簧；12—外壳；13—复位弹簧；14—绝缘轴承；15—底座

4.2.3　热刀

热刀是一种典型的低冲击非火工连接解锁装置，它一般由张紧绳组件和刀头组件组成，如图 4 - 9 所示。通过张紧绳组件把对象压紧，并提供所需的压紧力。当需要解锁时通过刀头的加热熔断张紧绳。热刀具有适应的连接解锁对象范围广（既可以用于柔性对象，也可以用于刚性对象）、对连接对象的机械定位精度要求低、适应的温度范围广、可以通过改变绳子的形式来满足不同连接力要求等显著优点，是应用最为广泛的非火工连接解锁装置。

为保证热刀连接解锁的可靠性，要处理好两方面的问题，即张紧绳问题和刀头问题。张紧绳问题包括选择适当的张紧绳材料、处理好张紧绳的端头并保持适当的张紧力。刀头问题包括保证刀头材料的耐高温性、刀头加热回路的可靠性以及刀头与张紧绳之间挤压力

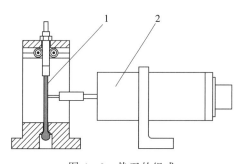

图 4 - 9　热刀的组成

1—张紧绳组件；2—刀头组件

的稳定性。

　　张紧绳的材料一般为凯夫拉（Kevlar）、大力马（Dyneema）和维克特伦（Vectran）。大力马绳的蠕变较为明显，且其绳头的处理较为困难。凯夫拉绳和维克特伦绳的机械性能相似，但前者必须在较大张力下才能由热刀熔断，后者即使没有较大张力的作用，也可以直接通过高温熔化，因此，解锁可靠性更高。

　　除了选择合理的张紧绳材料外，还要采取合理的张紧绳头部处理方式。常见的张紧绳头部处理方式为金属锥压紧式。该方式张紧接头主要组成如图 4 - 10 所示，主要由螺纹套、金属锥和绳头组成。将绳头从螺纹套中穿过，而后将金属锥插入张紧绳的中心，把绳头压紧在螺纹套的内壁上。为避免金属锥与绳头之间以及绳头与螺纹套的内壁之间发生滑动，合理选择及确定金属锥与螺纹套之间的配合形状、金属锥与螺纹套的材料以及对绳头的挤压力大小非常重要，另外，在金属锥压入过程中也可以涂敷少量的硅橡胶，如 GD414 等。

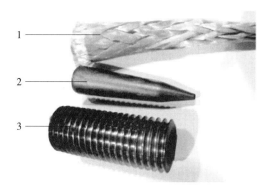

图 4 - 10　金属锥压紧式张紧接头主要组成

1—绳头；2—金属锥；3—螺纹套

　　通过螺纹套上的螺纹，可以调整压紧时张紧绳的张力。如果在张紧绳绳头压紧时，未能有效控制张紧绳各线束长度的一致性，那么在张紧绳加载过程中较短线束所受的拉力必然较大，在温度等因素的影响下，受力较大的线束易发生先期断裂，进而导致张紧绳的整体断裂。为避免张紧绳的过早断裂，要设法保证张紧绳各线束长度相同，进而保证各线束的受力相同，最大限度地发挥张紧绳的承载能力。

　　当然，为了应对绳头对承载力的影响，最彻底的方法是使用一根环形绳，它通过相应的设备环绕而成，所以，环形绳的承载力大。但其不足之处是，在垂直张紧力方向的任意剖面上，其截面积至少是上述方式的两倍，因此横向所占尺寸较大。这种方式可以应用在某些特定的场合。一种采用热刀压紧太阳翼的结构示意图如图 4-11 所示[9]。

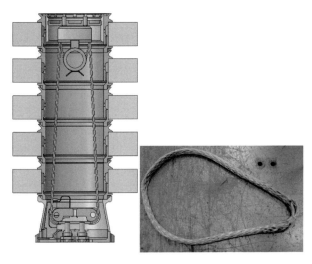

图 4-11　采用热刀压紧太阳翼的结构示意图

　　有时在热刀的外面增加一个保护罩，便于其热防护，另外还要保证热刀与压紧对象相互独立，避免二者之间可能的干涉。为了进一步保证张紧绳在端部接头处的张力均匀，避免张紧绳可能受到的横向力，防止张紧绳的过早断裂，有时还在张紧绳端部接头设置相应的球铰。

　　热刀刀头的基本组成如图 4-12 所示，包括电连接器、端盖、弹簧、壳体、滑块、支撑杆、刀片等。在弹簧力的作用下，刀片始终与张紧绳保持相应的压力。滑块可提供运动导向。刀片为带有加热回路的陶瓷材料。解锁时，通过加热回路给刀片加热，使其温度快速升高，加之刀片对张紧绳的压力，很快将张紧绳熔断。通过控制电流的大小，可以控制张紧绳熔断的速度。

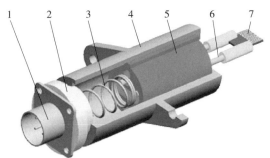

图 4-12　刀头的基本组成

1—电连接器；2—端盖；3—弹簧；4—壳体；5—滑块；6—支撑杆；7—刀片

为了确保解锁可靠，可以在刀头组件上设置两个独立供电的刀片，或者在热刀组件中采用两个独立的刀头组件，如图 4 - 13 所示。

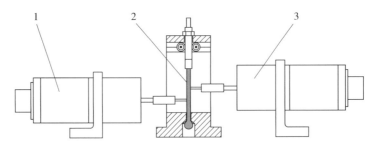

图 4 - 13　双刀头使用示意图

1—主刀头组件；2—张紧绳组件；3—备份刀头组件

刀片的形状如图 4 - 14 所示[14]。为了防止裸露的刀片在使用过程中因误磕碰而损坏，有时将其设置在壳体的内部，并在壳体上开槽，使张紧绳在槽中穿过，保证刀片与张紧绳之间的良好接触，如图 4 - 15 所示[14]。

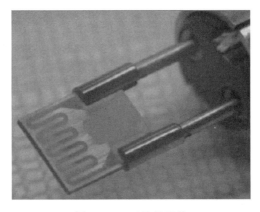

图 4 - 14　刀片的形状

图 4 - 15　刀片在壳体内的情况

4.3　非火工分离装置

非火工分离装置包括弹簧分离装置、石蜡驱动的分离装置等。

4.3.1　弹簧分离装置

弹簧分离装置是最常见的非火工分离装置，它主要由拉杆、外筒、弹簧、内筒、顶头、盖板等组成[2]，如图 2 - 14 所示。其中的弹簧多为螺旋压缩弹簧，它提供相应的分离力，导向则由相互配合的内、外筒实现，保证分离力的方向稳定。弹簧力及其导向控制是弹簧分离装置的核心。对于两个形状为旋转体的航天器的分离，尽管理论上仅用一个弹簧分离装置就可以实现，但考虑到在该类航天器的轴线位置往往布置相应的设备，因此，难以在轴线位置再布置弹簧分离装置，工程上常通过两件以上沿圆周方向均匀分布的弹簧分离装置实现两个目标体的分离。其中的拉杆是为了便于弹簧分离装置的安装而增加的。当弹簧处于自由状态时，其轴线与支撑面之间有一定的垂直误差，且弹簧的自由高度越大，垂直误差越大，为了避免由此导致的内、外筒之间的卡死，二者之间要有足够的配合长度。为了避免弹簧伸展过程中与内筒内壁产生摩擦，进而避免摩擦对弹簧力产生影响，弹簧的外径与内筒内径之间应留有一定的间隙。如果由于外形尺寸限制，导致弹簧外径与内筒内径之间的间隙不足，从而不可避免地产生摩擦时（值得注意的是，弹簧压缩时其直径会有所增大），应对内筒内壁进行润滑处理，以保证摩擦力的稳定性，在此基础上通过调整弹簧的初始压缩量，来弥补摩擦力对弹簧分离装置性能产生的影响。安装完弹簧分离装置后，就可以将拉杆拆下，相应的弹力就作用在两个目标体之间，当连接解锁装置解锁后，弹簧分离装置就可以将目标体分离。为防止分离过程中弹簧及内筒飞出，进而避免空间碎片的产生，在分离过程末端盖板将把内筒卡住。另外，可以通过调整顶头与内筒的位置关系，来适应两个目标体之间距离的变化，以保证弹簧力的稳定性，进而保证相应的分离速度和姿态要求。

当需要的弹簧力较大，且径向安装空间受到限制时，也可以采用内、外弹簧相组合的形式，简称组合弹簧，如图 4 - 16 所示。组合弹簧主要由限位支座、外弹簧、内弹簧、限位盖板、压紧螺母、拉杆等组成。在目标体上安装完组合弹簧后，释放压紧螺母，为组合弹簧的工作创造条件。其中的拉杆不仅便于弹簧分离装置预压缩及安装，也可以防止分离完成后弹簧飞出。

在推力相同的前提下，组合弹簧中每根弹簧的簧丝直径比采用单根弹簧时的簧丝直径小，制造比较方便。在使用组合弹簧时应注意以下问题[12]：

1）适当分配工作载荷。一般情况下，外弹簧的最大工作载荷与内弹簧的最大工作载荷之比为 5：2。在设计组合弹簧时，应先进行载荷分配，而后再单独设计。

2）内、外弹簧的变形量应尽可能一致，可以通过调整弹簧两端支撑面的高度来满足这一要求。

3）控制弹簧旋向。为了防止内、外弹簧在压缩时发生歪斜，保证二者在工作过程中

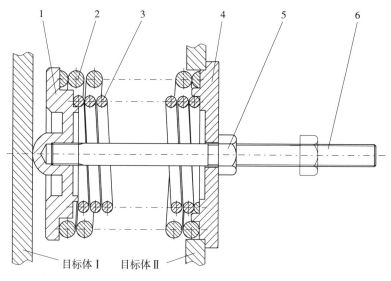

图 4 - 16　组合弹簧组成示意图

1—限位支座；2—外弹簧；3—内弹簧；4—限位盖板；5—压紧螺母；6—拉杆

同心，两个弹簧的旋向应相反，即一个为右旋，另一个为左旋。

4）适当设计弹簧间距。在应用组合弹簧时，要注意在内弹簧外径与外弹簧内径之间留有适当的距离，以避免二者之间发生摩擦，造成相互影响。内、外弹簧的径向间隙一般要满足以下关系

$$C_r \geqslant (d_e - d_i)/2 \tag{4-1}$$

式中　　C_r——外弹簧的内径与内弹簧的外径之差；

　　　　d_e——外弹簧钢丝直径；

　　　　d_i——内弹簧钢丝直径。

5）设置限位环。为了有效防止内、外弹簧在工作时因相对位置发生偏移，而造成相互影响，在弹簧的上、下两端都要设置限制弹簧径向移动的限位环。

螺旋弹簧的弹力可以通过控制簧丝直径、弹簧直径等措施来保证，并通过测量来进一步筛选，确保弹力满足要求。弹簧分离装置装配后，还要进一步测量整个装置的弹力值，并通过采取相应的润滑措施保证摩擦力的稳定性，进而保证弹力的稳定性。通过采取弹力的精确控制、弹簧分离装置的行程控制以及弹簧分离装置的安装位置控制等措施，保证分离体姿态及相对分离速度满足要求。但当相对分离速度的要求较高时，与火工分离推杆相比，弹簧分离装置的质量往往较大。另外，为了提高连接的可靠性，避免在地面分离试验、发射段或航天器入轨前，由于连接装置的提前释放而使相互连接的两个目标体在弹簧作用下误分离，应尽可能使弹簧的合力小于两个目标体中较小一个的重量。

弹簧分离装置可以长时间、多次重复使用，其性能不会因多次使用而明显降低。

4.3.2　石蜡致动分离推杆

石蜡致动分离推杆的动力来源于石蜡状态由固相转变为液相时，由于其体积增大而对外界产生的作用力。图 4 - 17 所示为一种典型的石蜡致动分离推杆[15]，它主要由中心杆、绝热片、加热片、加热导线、石蜡、挤压套、壳体等组成。在外加电流的作用下，石蜡融化，其体积膨胀，使挤压套变形，进而驱动中心杆伸出，对外做功，达到目标体分离的目的。当石蜡受冷，其状态由液相变为固相时，对挤压套的压力消失，挤压套张开，中心杆在较小的外力作用下就可以再次伸入到挤压套内，因此，石蜡致动分离推杆可以方便地完全重复使用。

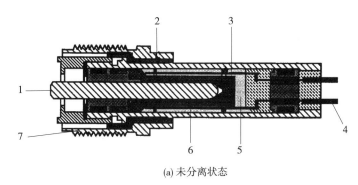

(a) 未分离状态

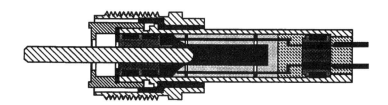

(b) 分离状态

图 4 - 17　石蜡致动分离推杆

1—中心杆；2—绝热片；3—加热片；4—加热导线；5—石蜡；6—挤压套；7—壳体

石蜡致动分离推杆的工作过程通常需要 30 s 甚至更长的时间，其冲击很小，而且分离时间随电压及石蜡致动分离推杆的初始温度不同而有较大变化，因此，无法采用多个石蜡致动分离推杆来同步推动一个较大的目标体，进而实现分离。它适用于不受分离时间限制或只需一个分离推杆就可以完成预定任务的情况。

4.4　探测器返回舱与服务舱之间分离装置设计

4.4.1　任务特点及基本要求

为确保某探测器在地外星体表面获取样品后成功返回地面，在正式实施探测器飞行试验任务前，研制了专门的飞行试验器。通过该试验器进行返回舱高速再入地球大气层的飞行性能验证，包括返回舱的气动外形、防热结构及跳跃式再入控制等能否满足要求，并获取相关飞行参数。飞行试验器包括两个舱体即返回舱与服务舱。试验器飞行过程包括多个阶段，如发射段、飞行段、返回再入段和回收着陆段等。在发射段和飞行段要保证返回舱与服务舱之间可靠连接。在返回再入地球大气层前，距离地面一定高度时实现服务舱与返回舱的解锁，并使返回舱以一定的速度与服务舱可靠分离，保证二者之间不发生任何碰撞。二者的外形及连接关系如图4-18所示。由于该返回舱在分离后就不再具有姿态调整能力，因此在两舱分离前必须把组合体调整到期望的姿态，并保证两舱分离后返回舱的姿态不发生明显变化，即在两舱分离过程中返回舱始终处于平动状态。这对两舱分离过程的稳定性提出了很高的要求。

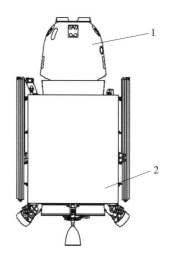

图 4-18　返回舱与服务舱的外形及连接关系

1—返回舱；2—服务舱

与分离功能相对应，该任务对两舱的分离时间、分离速度及返回舱的分离角速度等具有严格要求。另外，还会给出服务舱及返回舱的质量特性、外形尺寸、分离装置所在的分布圆、分离装置的总质量等参数或相应限制要求。为保证顺利返回，返回舱质心偏离其几何轴线。

考虑到技术继承性，该探测器返回舱与服务舱之间的连接继承了神舟号载人飞船返回舱与推进舱之间的连接方案[16]。沿圆周方向均布的4个连接套管，从返回舱防热球底穿出，通过其端面与服务舱对应的凹槽底部对接，实现返回舱与服务舱之间的轴向定位，连接套管的外球面与对应凹槽的内圆柱面配合，实现返回舱与服务舱之间的周向定位，进而通过火工锁把连接套管与服务舱相连接。连接套管与服务舱凹槽之间的对接与配合关系如图4-19所示。考虑到不同连接套管与对应服务舱凹槽的定位误差可能导致的装配应力，从而导致分离过程中摩擦阻力具有不确定性，加之飞行试验器由在轨温度梯度引起的结构变形，进而导致分离面摩擦阻力可能进一步增大以及更加不均匀的情况，对分离装置的设计、分离过程的分析以及分离过程稳定性的保证就变得非常困难。

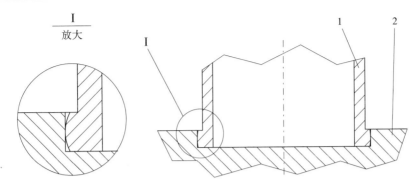

图 4 - 19　连接套管与服务舱凹槽之间的对接与配合关系

1—连接套管；2—服务舱

4.4.2　任务分析与系统方案设计

为了保证分离装置分离力的稳定性、一致性，采用弹簧分离装置实现分离。因为弹簧分离装置是一种不需要外部能源驱动的分离装置，结构组成简单，通过弹性势能的释放实现分离，分离可靠性高。弹簧分离装置的分离力大小可以通过弹簧的机械加工及热处理保证，分离力方向可通过相应的结构导向保证，因此分离性能稳定。另外，可以通过相应的分离力测试、分离试验等对弹簧分离装置的实际分离力予以检验[17]及选配，即弹簧分离装置具有分离力易控、易检、易选的特点，因此，分离性能稳定可靠。

根据任务的特点，确定分离点及连接点的数量相同，均为 4 个，如图 4 - 20 所示。在返回舱质心偏向Ⅲ象限的情况下，通过增大分离点 C 处弹簧的刚度，来保证返回舱的平稳分离。返回舱坐标系及连接套管示意图如图 4 - 21 所示。

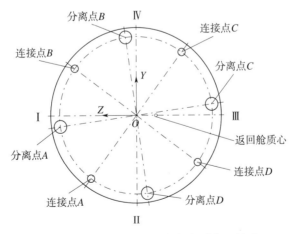

图 4 - 20　连接点与分离点的相对位置关系

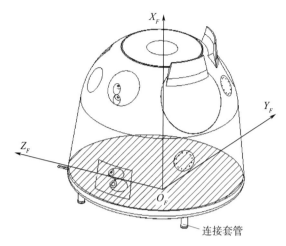

图 4 - 21 返回舱坐标系及连接套管示意图

4.4.3 弹簧分离装置方案设计

4.4.3.1 弹簧总刚度的确定

弹簧是弹簧分离装置的核心部件，因此弹簧分离装置的设计工作围绕弹簧的设计来开展。弹簧设计的关键是刚度 K 的确定。确定刚度 K 后就可以选定相应的弹簧材料，确定弹簧的外形尺寸、钢丝的直径，进而确定弹簧的其余参数[17]。

在太空自由飞行的航天器，其两个舱段之间的分离过程可以简化为如图 4 - 22 所示的振动模型，图中 m_f、m_t 分别为返回舱和服务舱的质量，K 为 4 个弹簧分离装置中弹簧的总刚度，O 为坐标原点，也是两个舱体组成的系统的质心位置，返回舱和服务舱分离后沿 X 轴方向的速度变化量分别为 v_f、v_t。则有以下两式成立

$$m_f \cdot v_f = m_t \cdot v_t \tag{4-2}$$

$$v_f + v_t = v_{ft} \tag{4-3}$$

式中，v_{ft} 为两个舱体分离后的相对分离速度，它作为设计输入条件预先给定。

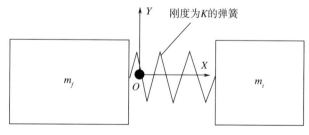

图 4 - 22 目标体分离过程中的振动模型

根据能量守恒定律，可得

$$\frac{1}{2} K (x_2^2 - x_1^2) = \frac{1}{2} m_f v_f^2 + \frac{1}{2} m_t v_t^2 \tag{4-4}$$

式中，x_1、x_2 分别为分离工作始末对应的弹簧压缩量，K 的意义同上。

为保证弹簧力的稳定性，一般取 $x_1 \geq 0.3x_0$，$x_2 \leq 0.7x_0$，其中，x_0 为弹簧的最大变形量。

由式（4-2）~式（4-4）可得

$$K = \frac{m_f m_t v_{ft}^2}{(x_2^2 - x_1^2)(m_t + m_f)} \tag{4-5}$$

由式（4-5）即可求得弹簧的总刚度 K。再结合两个舱体的质心及分离点的相对位置，可进一步求出各个弹簧分离装置中弹簧的刚度 k_d。

4.4.3.2 分离时间的确定

图 4-22 所示的分离系统，可以简化为单自由度简谐振动模型，如图 4-23 所示，易知该系统的振动周期为

$$T = 2\pi \sqrt{\frac{m_t m_f}{K(m_t + m_f)}} \tag{4-6}$$

式中，m_f、m_t、K 的意义同上。在弹簧分离装置的作用下，两个舱体的分离时间为

$$t_f = \frac{\alpha}{2\pi} \cdot T \tag{4-7}$$

式中，t_f 为分离时间，即从弹簧分离装置开始动作，到弹簧分离装置动作完成这一段时间。$\alpha = \arccos \dfrac{x_1}{x_2}$，$x_1$、$x_2$ 的意义同上。

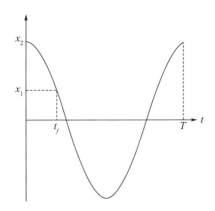

图 4-23 分离系统的单自由度简谐振动响应

根据式（4-7）可以对分离时间是否满足要求进行初步估算。由于式（4-7）没有考虑摩擦等因素的影响，因此，根据此式估算的数据比实际数据稍小。

4.4.3.3 弹簧设计

根据弹簧直径的尺寸约束，结合初步选定的材料和确定的簧丝直径，参考相应的机械设计手册[12]，可以方便地依据以下公式得到弹簧的单圈刚度 k_{d1}。

$$k_{d1} = \frac{Gd^4}{8D^3} \tag{4-8}$$

式中　　G——剪切模量；

　　　　d——簧丝直径；

　　　　D——弹簧中径。

结合式（4-9），可以得出弹簧的有效圈数 n。如果 n 为小数，可以进一步圆整为整数。

$$n = \frac{k_{d1}}{k_d} \qquad\qquad (4-9)$$

可进一步确定弹簧的总圈数、自由高度、弹簧节距、螺旋角、展开长度等参数[12]。并根据相关参数校验弹簧的剪切强度、稳定性等是否满足要求。

在上述弹簧设计的基础上，通过进一步开展弹簧分离装置结构设计工作，完成整个弹簧分离装置的设计任务。弹簧分离装置由压板、外壳、拉杆（工艺件）、导套、弹簧、盖板、顶头、调整螺母等组成，如图 4-24 所示。

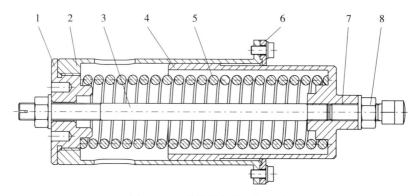

图 4-24　弹簧分离装置的组成

1—压板；2—外壳；3—拉杆（工艺件）；4—导套；5—弹簧；6—盖板；7—顶头；8—调整螺母

4.4.3.4　弹簧分离装置的安装与使用

在返回舱和服务舱对接前，安装弹簧分离装置，如图 4-25 所示，借助位于中心轴线上的两个孔，并通过螺钉将外壳和盖板连接，其中，盖板上的孔为通孔，外壳法兰上的孔为螺纹孔。在盖板和外壳法兰上另开四个通孔，弹簧分离装置通过四个通孔与返回舱支架连接。安装完弹簧分离装置后，返回舱和服务舱进行对接，两舱通过相应的连接解锁装置实现连接，而后拆除拉杆，弹簧的弹力直接作用在返回舱及服务舱上。在太空飞行过程中，当连接解锁装置按指令要求解锁后，导套在弹簧力的作用下向外滑动，通过顶头推动返回舱与服务舱分离。分离到一定距离后，盖板卡住导套，避免因导套和弹簧飞出而产生空间垃圾。

在弹簧分离装置运动部件的所有表面喷涂 MoS_2 固体润滑膜，确保运动可靠。

4.4.3.5　分离力裕度分析

在返回舱和服务舱分离面上，同时存在着弹簧分离装置的推力 F_i、地面装配和在轨结构热变形引起的连接套管与服务舱凹槽之间的摩擦阻力 f_m 和返回舱分离信号装置的拔脱力 f_n 等，如图 4-26 所示。

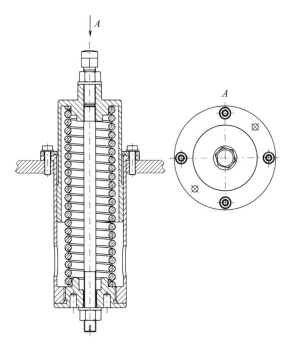

图 4 - 25　弹簧分离装置安装接口示意图

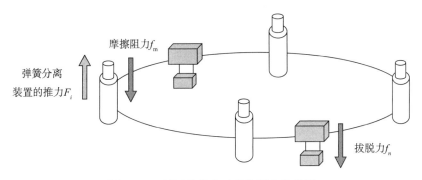

图 4 - 26　返回舱分离过程作用力示意图

通过进一步分析得出，在分离过程中，弹簧分离装置的分离力最小裕度始终大于 1，这确保了返回舱与服务舱之间的可靠分离。

4.4.4　分离过程仿真分析

弹簧分离装置的分离力裕度，保证了返回舱与服务舱之间的可靠分离。为了验证不同条件下返回舱与服务舱分离后的速度、姿态是否满足要求，需要进一步开展相应的仿真验证工作。包括考虑分离摩擦力时的分离过程仿真分析、推进剂不同消耗情况下的分离过程仿真分析以及分离姿态对主要参数变化的敏感度分析等。

4.4.4.1　考虑分离摩擦力时的分离过程仿真分析

考虑地面加工、装配等误差的影响和空间温度环境的作用，处于轴孔配合状态的连接套管与凹槽之间存在一定的分离阻力。考虑到最大可能的加工与装配误差、最大的空间温度不均匀性所带来的分离阻力，以及阻力分布的不均匀性，对上述两种情况进行仿真，以验证在理想状态下的设计能否适应这些变化。

在 ADAMS/VIEW 中建立返回舱与服务舱动力学仿真分析模型，如图 4 – 27 所示，而后进行数值计算，计算结果如图 4 – 28～图 4 – 30 所示。返回舱器相对服务舱的分离速度为 0.622 m/s，沿 Y 轴的最大分离角速度为 0.357 (°)/s，沿 Z 轴的最大分离角速度为 0.622 (°)/s，分离姿态角为 0.002°。

利用所建立的动力学仿真分析模型，并假设连接点摩擦阻力出现的位置不同，分别计算无摩擦阻力、只有一处摩擦阻力、两处摩擦阻力、三处摩擦阻力和四处均存在摩擦阻力等条件下的分离参数，不同连接点处的摩擦阻力假设情况如表 4 – 1 所示，不同摩擦阻力工况对应的返回舱分离参数如表 4 – 2 所示。

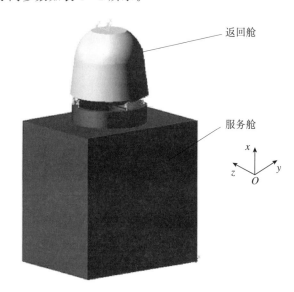

图 4 – 27　返回舱与服务舱动力学仿真分析模型

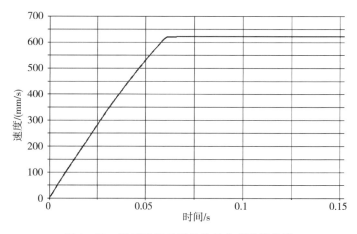

图 4 – 28　返回舱相对服务舱的分离速度曲线

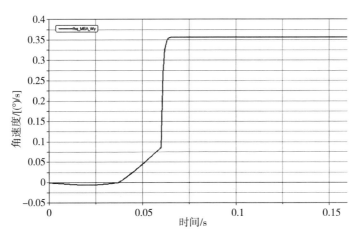

图 4 - 29　返回舱沿 Y 轴角速度曲线

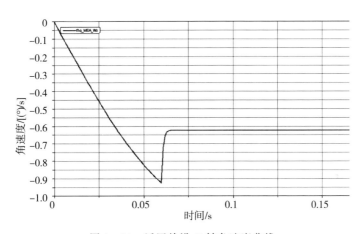

图 4 - 30　返回舱沿 Z 轴角速度曲线

表 4 - 1　不同连接点处的摩擦阻力假设情况

分析工况		连接点 a 摩擦状态	连接点 b 摩擦状态	连接点 c 摩擦状态	连接点 d 摩擦状态
无摩擦阻力					
一处摩擦阻力	工况 1		√		
	工况 2				√
两处摩擦阻力	工况 1		√		√
	工况 2		√	√	
三处摩擦阻力	工况 1		√	√	√
	工况 2	√	√	√	
四处摩擦阻力		√	√	√	√

表 4 - 2　不同摩擦阻力工况对应的返回舱分离参数

分析工况		舱器相对分离速度/（m/s）	返回舱沿 Y 轴角速度/［（°）/s］	返回舱沿 Z 轴角速度/［（°）/s］
无摩擦阻力		0.622	0.357	0.622
一处摩擦阻力	工况 1	0.614	1.361	1.979
	工况 2	0.617	1.422	0.778
两处摩擦阻力	工况 1	0.609	0.271	0.677
	工况 2	0.609	2.251	0.421
三处摩擦阻力	工况 1	0.604	0.815	1.276
	工况 2	0.603	1.067	2.344
四处摩擦阻力		0.593	0.409	0.769

4.4.4.2　推进剂不同消耗情况下的分离过程仿真分析

分别考虑服务舱中推进剂未消耗和完全消耗两种工况，对返回舱的分离参数进行进一步分析。未消耗推进剂时，返回舱相对服务舱的分离速度曲线如图 4 - 31 所示，分离时间约为 84 ms，分离速度约为 0.468 m/s。由于返回舱质心沿 Z 轴偏离坐标原点，受弹簧力和分离信号装置拔脱力的影响，在分离时刻沿 Y 轴和 Z 轴的分离角速度分别约为 0.02（°）/s和－0.4（°）/s，如图 4 - 32 所示。

当推进剂完全消耗以后，返回舱相对服务舱的分离速度曲线和返回舱分离角速度曲线分别如图 4 - 33 和图 4 - 34 所示。由图 4 - 33 和图 4 - 34 可知，分离时间约为 80 ms，分离速度约为 0.497 m/s。在分离时刻，返回舱沿 Y 轴和 Z 轴的分离角速度分别为0.05（°）/s和－0.5（°）/s。

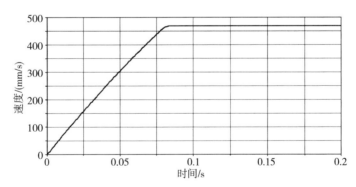

图 4 - 31　返回舱相对服务舱的分离速度曲线（未消耗推进剂）

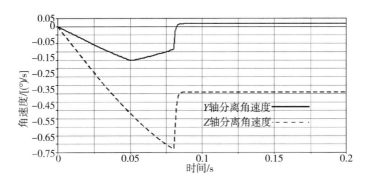

图 4 - 32　返回舱的分离角速度曲线（未消耗推进剂）

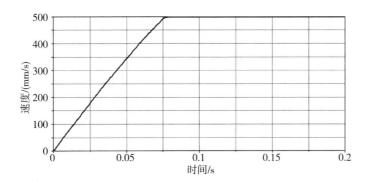

图 4 - 33　返回舱相对服务舱的分离速度曲线（推进剂完全消耗）

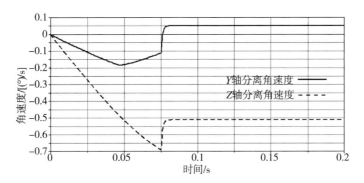

图 4 - 34　返回舱的分离角速度曲线（推进剂完全消耗）

　　对比推进剂消耗前后返回舱相对服务舱的分离速度及其分离角速度，可以发现服务舱质量减小可导致分离时间缩短、返回舱相对服务舱的分离速度增加、返回舱沿 Y 轴和 Z 轴的分离角速度也略有增加。

4.4.4.3　分离参数对质心位置的敏感度分析

　　在产品的实际生产、装配过程中，会不可避免地引入多种误差，从而对产品性能产生影响。图 4 - 35 给出分离速度、沿 Y 轴分离角速度和沿 Z 轴分离角速度对返回舱质量变化的敏感度曲线。由图 4 - 35 可知，随着返回舱质量的增加，其惯性增大导致返回舱相对服务舱的分离速度减小，返回舱沿 Y 轴和 Z 轴的分离角速度则随着返回舱质量的变化产生相应波动。

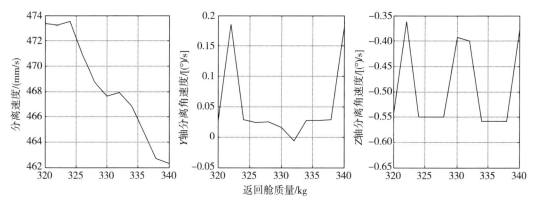

图 4 - 35　分离参数对返回舱质量变化的敏感度曲线

考虑返回舱质心坐标沿 X 轴方向的偏差，通过计算可得到相应分离参数对返回舱质心沿 X 轴坐标变化的敏感度曲线，如图 4 - 36 所示。由图 4 - 36 可知，由于弹簧分离装置的作用力均沿 X 轴方向，因此，质心沿 X 轴的坐标变化对分离速度无影响。质心沿 X 轴偏离坐标原点导致各作用力对质心的力矩发生变化，进而使沿 Y 轴的分离角速度随着 X 轴坐标值增加而增大，沿 Z 轴的分离角速度变化趋势则正好相反。

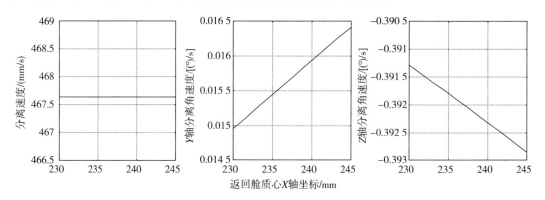

图 4 - 36　分离参数对返回舱质心沿 X 轴坐标变化的敏感度曲线

分离速度、沿 Y 轴分离角速度、沿 Z 轴分离角速度对返回舱质心沿 Y 轴坐标变化的敏感度曲线如图 4 - 37 所示。相应分离参数对返回舱质心沿 Z 轴坐标变化的敏感度曲线如图 4 - 38 所示。由图 4 - 37、图 4 - 38 可知，随着返回舱质心坐标沿 Y 轴、Z 轴的变化，相应的分离参数出现振荡。

4.4.4.4　分离参数对弹簧刚度的敏感度分析

弹簧是弹簧分离装置的核心部件，弹簧力的稳定性将最终决定弹簧分离装置产品性能。不考虑弹簧工作行程偏差，假设弹簧刚度的偏差为 ±4%，返回舱分离参数分别对四个弹簧刚度的敏感度曲线如图 4 - 39～图 4 - 42 所示。

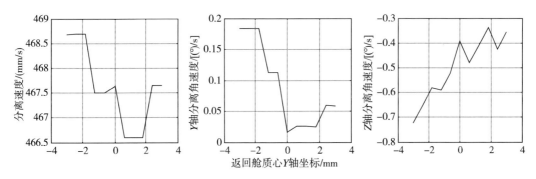

图 4 - 37　分离参数对返回舱质心沿 Y 轴坐标变化的敏感度曲线

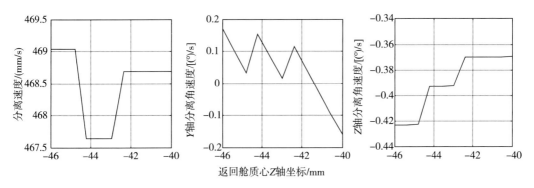

图 4 - 38　分离参数对返回舱质心沿 Z 轴坐标变化的敏感度曲线

图 4 - 39 给出了返回舱分离参数对弹簧分离装置 a 的弹簧刚度变化的敏感度曲线。由图 4 - 39 可知，随着弹簧刚度的增加，分离速度和沿 Y 轴的分离角速度呈现波动上升的趋势，而沿 Z 轴的分离角速度则出现振荡。

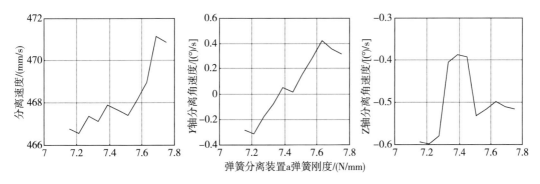

图 4 - 39　分离参数对弹簧分离装置 a 的弹簧刚度变化的敏感度曲线

图 4 - 40 给出了返回舱分离参数对弹簧分离装置 b 的弹簧刚度变化的敏感度曲线。由图 4 - 40 可知，随着弹簧刚度的增加，分离速度和沿 Z 轴的分离角速度呈现波动上升的趋势，而沿 Y 轴的分离角速度则出现振荡。

图 4 - 41 给出了返回舱分离参数对弹簧分离装置 c 的弹簧刚度变化的敏感度曲线。由

图 4 - 41 可知，随着弹簧刚度的增加，分离速度呈现波动上升的趋势，沿 Y 轴的分离角速度呈现波动向下的趋势，而沿 Z 轴的分离角速度出现较大振荡。

图 4 - 42 给出了返回舱分离参数对弹簧分离装置 d 的弹簧刚度变化的敏感度曲线。由图 4 - 42 可知，随着弹簧刚度的增加，分离速度呈现波动上升的趋势，沿 Z 轴的分离角速度呈现波动下降的趋势，沿 Y 轴的分离角速度则出现较大振荡。

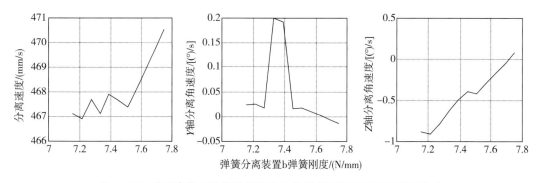

图 4 - 40　分离参数对弹簧分离装置 b 的弹簧刚度变化的敏感度曲线

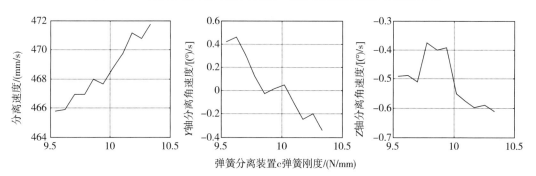

图 4 - 41　分离参数对弹簧分离装置 c 的弹簧刚度变化的敏感度曲线

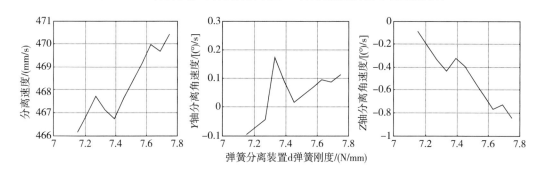

图 4 - 42　分离参数对弹簧分离装置 d 的弹簧刚度变化的敏感度曲线

由以上敏感度分析可知，分离参数对弹簧刚度的变化较为敏感。

4.4.5　可靠性分析与预计

返回舱分离装置主要由两种刚度的弹簧分离装置组成，即三个弹簧分离装置 Ⅰ 和一个弹簧分离装置 Ⅱ（安装在图 4 - 20 所示的分离点 c 处）。在发射和在轨飞行段，弹簧分离装置通过火工锁压紧在返回舱支架上；在返回舱再入大气前且达到一定高度时，火工锁解锁，弹簧分离装置释放，实现返回舱与服务舱的分离，保证两舱之间不发生碰撞。弹簧分离装置的分离功能可靠性框图如图 4 - 43 所示。

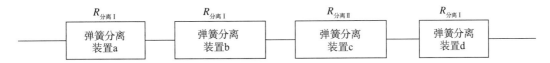

图 4 - 43　弹簧分离装置分离功能可靠性框图

弹簧分离装置的可靠性模型为

$$R = R_{分离 I}^{3} R_{分离 II}$$

式中　$R_{分离 I}$——弹簧分离装置 I 的分离可靠度；

　　　$R_{分离 II}$——弹簧分离装置 II 的分离可靠度。

假设每个弹簧分离装置的分离可靠度均为 0.999 99，那么系统的分离可靠度为

$$R = R_{分离 I}^{3} R_{分离 II} = 0.999\ 99^{4} = 0.999\ 96$$

4.4.6　产品特性分析

弹簧的弹力值 P_1 和 P_2 若超差，将无法保证弹簧分离装置的性能，因此把弹力值作为重要特性；此外，在最大载荷作用下，弹簧长时间被压缩可能会发生蠕变，导致弹力值发生明显变化，影响分离装置的分离性能，因此，把压缩 6 个月后弹簧弹力值变化不大于指定值作为重要特性进行控制。

弹簧导套的外径或外壳的内径若超差，将使导套与外壳的配合关系发生变化，无法保证弹簧分离装置的运动性能，因此也把上述两个尺寸作为重要特性进行控制。

参 考 文 献

［ 1 ］ BEMENT L J. Pyrotechnic system failures：causes and prevention ［R］. NASA‐TM‐100633，1988.

［ 2 ］ 于登云，杨建中，等. 航天器机构技术 ［M］. 北京：中国科学技术出版社，2011.

［ 3 ］ LUCY M H，HARDY R C，KIST E H，et al. Report on alternative devices to pyrotechnics on spacecraft ［C］. 10th Annual AIAA/USU Conference on Small Satellites，1996.

［ 4 ］ GARDI R，PASTENA M. A non‐pyrotechnic，SMA based release mechanism for separation system ［C］. 52nd International Astronautical Congress.

［ 5 ］ VAZQUEZ J，BUENO I. Non explosive low shock reusable 20 kN hold‐down release actuator ［C］. Proceedings of 9th European Space Mechanism and Tribology Symposium，2001.

［ 6 ］ CHRISTIANSEN S，TIBBITTS S，DOWEN D. Fast acting non‐pyrotechnic 10 kN separation nut ［C］. Proceedings of 8th European Space Mechanism and Tribology Symposium，1999.

［ 7 ］ GALL K，LAKE M，HARVEY J，et al. Development of a shockless thermally actuated release nut using elastic memory composite material ［C］. 44th AIAA/ASME/ASCE/AHS Structures，Structural Dynamics，and Materials Conference，2003.

［ 8 ］ STEWART A C，HAIR J H. Intricacies of using kevlar cord and thermal knives in a deployable release system：issues and solutions ［C］. Proceedings of the 36th Aerospace Mechanisms Symposium，2002

［ 9 ］ AUGUSTIJN J，GRIMMINCK M，BONGERS E，et al. Development of non explosive low shock （NELS） holddown and release system ［C］. Proceedings of 16th European Space Mechanisms and Tribology Symposium，2015.

［10］ BUSCH J D. The frangibolt flies：using shape memory alloy on the spacecraft clementine ［C］. Proceedings of the SMST‐94，1995.

［11］ 张小勇，闫晓军，杨巧龙. 形状记忆合金分瓣螺母空间解锁机构的设计与试验研究 ［J］. 机械工程学报，2010，46（17）.

［12］ 机械设计手册编委会. 机械设计手册（新版第 2 卷）. 北京：机械工业出版社，2004.

［13］ 曹乃亮，董得义，李志来. 基于形状记忆合金的空间分离装置研究进展 ［J］. 航天返回与遥感，2014，35（5）.

［14］ THEO K，GERARD K. Multipurpose holddown and release mechanism ［C］. Proceedings of 13th European Space Mechanisms and Tribology Symposium，2009.

［15］ PETER L CONLEY. Space vehicle mechanisms：elements of successful design ［M］. New York：John Wiley & Son Inc.，1997.

［16］ 娄汉文，杨建中. 神舟飞船舱段之间连接分离方案 ［J］. 航天器工程，2004，13（4）.

［17］ 杨建中，曾福明，娄汉文. "神舟"号飞船返回舱‐推进舱之间弹簧分离装置研究 ［J］. 载人航天，2007（1）.

第 5 章　复合型连接分离装置

5.1　概述

复合型连接分离装置是集捕获、连接、释放、分离、重复使用等多种功能于一体的连接分离装置，通常由主动端和被动端两部分组成。构成复合型连接分离装置的主动端和被动端，分别安装于两个航天器或同一航天器的两个舱段上。复合型连接分离装置的种类有很多，如德国 iBOSS（intelligent Building Blocks for on‑Orbit Satellite Servicing）项目的异体同构连接分离装置[1-2]、用于国际空间站货物（货盘）装卸的停泊装置[3-4]、用于月壤标本转移前两器（轨道器与上升器，亦称服务器与目标器）对接的捕获装置[5]、用于空间非合作目标捕获的网捕装置[6]、用于卫星与火箭对接的星箭解锁装置[7]以及用于微纳卫星在轨释放与回收的重复使用装置[8]等。

不同复合型连接分离装置的捕获、连接、释放、分离、重复使用等主要功能的设计过程相似，只是具体的设计侧重点不同。不是所有复合型连接分离装置都同时具有上述功能，对于某一复合型连接分离装置而言，有时将捕获与连接功能、释放与分离功能融合，但复合型连接分离装置都至少包含连接与分离功能[9-16]。随着航天器在轨服务需求的不断增加，复合型连接分离装置的形式和类别日趋多样，对其进行统一分类难度较大。目前，常见分类方式包括：根据刚柔特性进行分类、根据动力源布置方式进行分类以及根据对接过程中冲击载荷量级进行分类等。

根据复合型连接分离装置的主动端和被动端是否建立刚性连接，可将其分为刚性装置和柔性装置。在大多数情况下，复合型连接分离装置都需要建立刚性连接，因为只有建立刚性连接才能确保装置在传力路径上发挥作用，否则会给航天器变轨和姿态控制增加难度。尤其在载人飞行任务中，往往只有建立刚性连接才能形成密封通道。柔性装置的主动端和被动端在对接后需传递的轴向载荷或预紧载荷很小，如日本的 ETS‑Ⅶ捕获装置[5]，作为一种卡爪类空间复合型连接分离装置，其功能是建立两个航天器的初步连接，在两个航天器连接后没有组合体机动或承载需求，所以不需要很大的预紧载荷。

按照复合型连接分离装置动力源布置方式的不同，可分为被动端无源装置和被动端有源装置。通常情况下，要求复合型连接分离装置的被动端结构简单、无动力源、无遥测信息，被动端仅配合主动端完成连接锁定或释放分离任务即可，对被动端所在的航天器没有能源供给和信息反馈等需求，以降低两个航天器的接口复杂程度。美国轨道快车项目中三爪式复合型连接分离装置即为一种被动端无源装置。而轨道快车项目中的另一种柔性杆式复合型连接分离装置则需要在其被动端设置分离解锁的触发器，因此要求被动端所在航天器具有相应能量供给和信息反馈功能，在主动端与被动端分离时需要在两个航天器之间进行通信[17-20]。

　　按照复合型连接分离装置对接过程中的冲击载荷不同，可分为强撞击装置和弱撞击装置。由于在轨姿态控制措施的局限性，对主动端与被动端对接的初始姿态精度要求不能太高。在主动端与被动端对接过程中，通常采用撞击式捕获，并通过缓冲器吸收冲击能量。随着航天器上敏感光学仪器设备的增多，降冲击需求越来越迫切；同时航天器的姿态控制精度不断提高，因此一些弱撞击的复合型连接分离装置陆续出现，如美国轨道快车项目的柔性杆式连接分离装置[17-21]，其捕获过程中先由主动端伸出一个柔性杆，当其由被动端捕获后柔性杆回缩，将被动端与主动端拉近。此捕获过程能大幅减小两个航天器间的冲击载荷。

　　本章首先对国内外几类典型的复合型连接分离装置的组成及工作原理进行概述，其次介绍刚性装置的连接功能设计方法，最后以美国轨道快车项目的三爪式装置为例对复合型连接分离装置的设计过程进行阐述。

5.2　复合型连接分离装置简介

　　本节以国内外 6 种典型的复合型连接分离装置为例，分别介绍其工作原理、服役背景、产品特点等。

5.2.1　异体同构连接分离装置

　　由德国航空航天中心资助的 iBOSS 项目上应用的复合型连接分离装置是一种典型的异体同构连接分离装置[1-2]，也是一种面向模块化卫星在轨组装的标准化产品。所谓"异体同构"是指装置本身既可以实现主动端功能，又可以实现被动端功能，即装置的被动端与主动端可以实现完全互换，大大提高了应用的灵活性。该装置需要成对使用，分别安装于航天器两端，在扮演被动端角色时装置无能源供给、信息反馈等要求。

　　异体同构连接分离装置属于刚性装置，它由驱动组件、支撑结构和执行机构三部分组成，如图 5-1 所示。执行机构作为该装置的核心部组件，由耦合环、被动卡钩、插销环、驱动环、固定导向环、滑销、主动卡钩等组成，如图 5-2 所示。装置的对接、锁紧和分离功能主要由驱动环、耦合环和固定导向环配合完成，三者的运动通过滑销以及滑销槽相联系。耦合环上有主动卡钩，驱动环上有被动卡钩，驱动环和固定导向环上分别有"L"型滑销槽和"厂"型滑销槽，如图 5-3 所示。

　　在对接过程中，被动端的装置不工作。主动端装置上的驱动环在电机驱动下转动。在驱动环转动初期，水平段的滑销槽对滑销不起作用，当转到"L"型滑销槽的竖直段后，"L"型滑销槽驱动滑销向上移动，滑销同时在固定导向环的"厂"型滑销槽中运动。在驱动环、"L"型滑销槽、"厂"型滑销槽的耦合作用下，耦合环实现转动以及沿轴向平动。耦合环上均布有 4 个主动卡钩，与被动端驱动环上的 4 个均布的被动卡钩互相压紧，完成连接锁定任务。

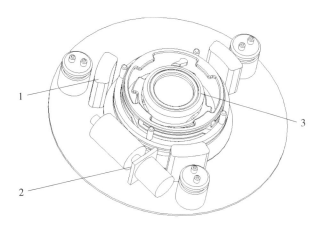

图 5 - 1　异体同构连接分离装置组成

1—支撑结构；2—驱动组件；3—执行机构

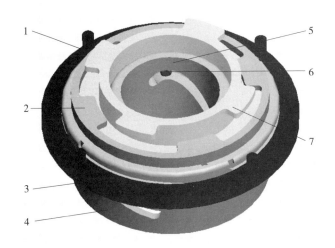

图 5 - 2　异体同构连接分离装置中的执行机构组成及特征

1—耦合环；2—被动卡钩；3—插销环；4—驱动环；5—固定导向环；6—滑销；7—主动卡钩

图 5 - 3　固定导向环、耦合环、驱动环结构示意图

1—"厂"型滑销槽（3 个均布）；2—主动卡钩（4 个均布）；3—滑销（3 个均布）；4—"L"型滑销槽（3 个均布）

5.2.2　连杆式停泊装置

连杆式停泊装置是国际空间站上应用的一种弱撞击停泊装置[3-4]，能实现自主对接，且可重复使用，用于实现货盘在国际空间站上的停靠。该装置的被动端（又称为捕获锁适配器）安装在国际空间站上，主动端安装在货盘上。连杆式停泊装置采用模块化设计，需要 3 套或 4 套装置配合来实现大容差捕获功能。

被动端为无动力源的简单结构。主动端为两自由度的五连杆机构，采用电机驱动减速器，由减速器输出两个动力源联合驱动捕获臂的展开和收拢，从而实现对被动端初始容差的校正并将捕获锁适配器拉紧。连杆式停泊装置属于一种柔性装置，如图 5 - 4 所示，对接过程的冲击载荷较小。

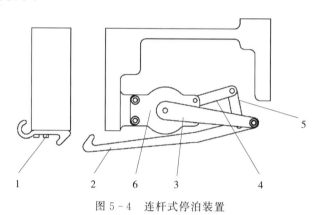

图 5 - 4　连杆式停泊装置

1—捕获锁适配器；2—捕获臂；3—副驱动臂；4—主驱动臂；5—空转臂；6—电机及减速器

连杆式停泊装置的主动端上安装有电机、减速器、空转臂（L_1）、副驱动臂（L_3）、主驱动臂（L_2）等，主动端的工作原理如图 5 - 5 所示，装置末端（A_5）的运动轨迹为倒"亅"字型，捕获时电机驱动减速器，减速器驱动副驱动臂（L_3）和主驱动臂（L_2）带动捕获臂（L_6）展开，达到具备对接最大容差状态。展开后给出到位信号，通知机械臂控制系统，机械臂托举主动端所在的货盘协助建立货盘与国际空间站的相对位姿条件。接到收拢指令后，主动端的电机反转，减速器驱动副驱动臂（L_3）和主驱动臂（L_2）带动捕获臂（L_6）收拢。图 5 - 6 所示为捕获过程示意图，在初始收拢阶段，两自由度五连杆机构能够保证主动端捕获臂迅速缩小捕获域，有效捕获被动端（捕获锁适配器）。

5.2.3　弱撞击对接装置

20 世纪 90 年代，美国国家航空航天局（NASA）联合欧洲空间局（ESA）开展了弱撞击对接装置研制工作，其目标是研制一款代替国际空间站对接机构的通用装置。该装置起初用于猎户座飞船的对接机构，构型仍采用周边式布局方案（中间用于货物或航天员通行），并在原有方案基础上减小主动端与被动端对接过程中的冲击载荷。弱撞击对接装置属于刚性装置，由于采用异体同构构型，所以在其两端都设置了动力源。采用电磁对接实现软捕获，并采用力反馈闭环控制，大幅减小了对接冲击载荷。弱撞击对接装置如图 5 - 7 所示。

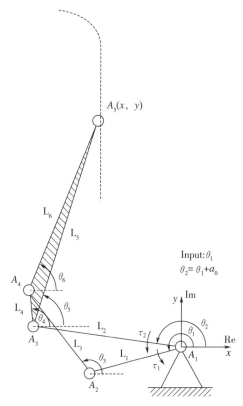

图 5-5　连杆式停泊装置主动端工作原理

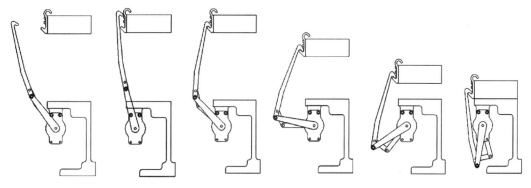

图 5-6　连杆式停泊装置捕获过程示意图

弱撞击对接装置的对接捕获功能主要由主动端实现，如图 5-8 所示，左图为主动端收拢状态，右图为主动端展开状态。开始对接时，对接环从下位伸展到上位，主动端和被动端的对接环碰撞后，主动端对接环端面上的力传感器检测到力信号，将其反馈到控制系统，经控制系统解算后给 6 个驱动器下达相应动作命令，修正对接环的位姿，两对接环贴合后由电磁捕获锁锁定。之后在 6 个驱动器控制下，将两个航天器拉近，建立完全刚性连接。

图 5-7　弱撞击对接装置

1—被动端；2—主动端

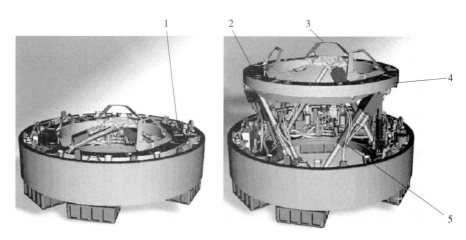

图 5-8　弱撞击对接装置主动端收拢及展开状态

1—电磁捕获锁；2—力传感器；3—导向瓣；4—对接环；5—直线驱动器

5.2.4　卡爪式捕获装置

20 世纪 90 年代，ESA 与日本宇宙航空研究开发机构（JAXA）针对未来在轨对接任务，尤其是地外天体采样后的样品转移等任务，提出了无人空间交会软对接需求，这种对接任务仅需要两个航天器建立短时的连接，用于机械臂在轨的精细操作或将上升器采集的地外天体样品转移到轨道器中带回地球。此类任务不需要像"硬对接"时那样通过动能实现捕获，捕获装置只需要完成刚性连接、解锁和分离操作。在此背景下提出了卡爪捕获装置方案，图 5-9 给出了日本试验卫星 ETS-Ⅶ的卡爪式捕获装置组成示意图，该装置采用

"三点式"布局，在周向均布三套同样的卡爪装置实现主动端与被动端的捕获[5]，卡爪式捕获装置具有捕获、连接及分离功能，由于捕获过程中碰撞力较小，属于弱撞击装置。另外，由于捕获连接后不能提供较高的连接刚度，也属于柔性装置。

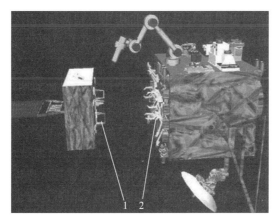

图 5 - 9　卡爪式捕获装置

1—锁柄；2—卡爪

每套卡爪式捕获装置的主动端包括卡爪、分离弹簧、锁柄、V 型定位块、导引连杆和驱动连杆等，如图 5 - 10 所示。被动端为结构件（3 个周向均布锁柄），无动力源，主要部组件为锁柄，用于主动端卡爪的抓持。当跟踪星与目标星建立捕获姿态后，卡爪装置的动力源接到动作信号，驱动连杆动作，在驱动连杆和导引连杆的带动下，卡爪完成捕获被动端锁柄的动作，并将锁柄压紧在 V 型定位块内。在捕获过程中利用卡爪压缩锁柄及 V 型定位块下的分离弹簧进行储能，以提供解锁后跟踪星与目标星分离时所需的动能。

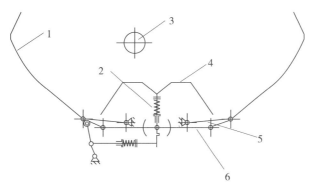

图 5 - 10　卡爪式捕获装置主动端组成

1—卡爪；2—分离弹簧；3—锁柄；4—V 型定位块；5—导引连杆；6—驱动连杆

5.2.5　网捕装置

上述复合型连接分离装置多用于合作目标的连接与分离。与上述复合型连接分离装置相比，图 5 - 11 所示的网捕装置属于一种非合作目标捕获装置。由于是非合作目标，网捕装置没有主动端和被动端之分，且捕获过程属于柔性包覆过程，冲击载荷很小。网捕装置的优点是飞网张开后的口径能达到十几米甚至几十米，因此可以捕获尺度很大的目标；缺点是飞网发射后姿态不可控制，且不可重复使用。

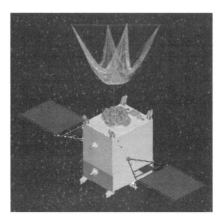

图 5-11　网捕装置

网捕装置的飞网工作过程如图 5-12 所示，包括发射准备阶段、飞网发射阶段、飞网展开阶段、飞网收口阶段、拖曳离轨阶段和弃置返回阶段。在进行网捕任务前，网捕装置处于收拢状态，当接到捕获指令后，飞网发射弹出，飞网端部的一组（4 个或 6 个均布）质量块牵引飞网展开，当捕获目标后，质量块上的收绳装置实现飞网的收口扎紧。当主动航天器拖曳被捕获目标进入预定轨道后，切断拖曳绳，将目标弃置，主动航天器回到原工作轨道。2018 年 9 月 16 日，英国萨瑞大学利用国际空间站完成了世界首次网捕装置的在轨验证。由国际空间站先释放 1 个直径为 1 m 的类球状体，之后发射 1 套 5 m 口径的飞网对类球状体进行网捕。其网捕装置的组成如图 5-13 所示，包括顶盖、功能质量块、飞网贮藏间、电源、飞网释放装置、系绳储存装置等，该装置无拖曳功能。其工作过程仅包括上述的前 4 个阶段，完成飞网收口任务后，飞网与被捕获目标由于惯量变大逐渐降低轨道，直至进入大气层后烧毁。

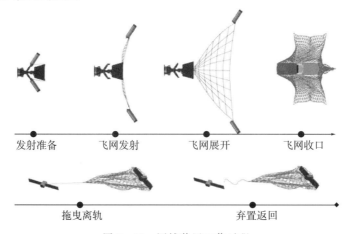

发射准备　　　飞网发射　　　飞网展开　　　飞网收口

拖曳离轨　　　　　弃置返回

图 5-12　网捕装置工作过程

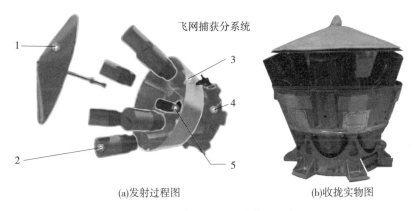

飞网捕获分系统

(a)发射过程图 (b)收拢实物图

图 5 - 13 萨瑞大学网捕装置组成

1—顶盖；2—功能质量块；3—飞网贮藏间；4—飞网释放装置；5—系绳储存装置

5.2.6 包带式星箭解锁装置

不同于上述几种复合型连接分离装置，图 5 - 14 所示的包带式星箭解锁装置的连接功能是在地面阶段实现的，它不具有在轨自动连接的能力。包带式星箭解锁装置通常用于卫星与运载火箭的连接、解锁与分离，在卫星发射及动力飞行阶段保证卫星与火箭可靠连接，动力飞行结束后按预定程序实现卫星与运载火箭的可靠解锁。由于运载火箭与卫星在动力飞行阶段所需的预紧载荷很大，因此包带式星箭解锁装置需要提供足够的连接刚度和强度，属于典型的刚性装置[7]。

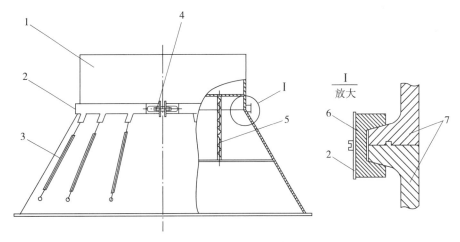

图 5 - 14 包带式星箭解锁装置组成

1—卫星适配器；2—包带；3—纵向限位弹簧；4—爆炸螺栓；5—分离弹簧；6—卡块；7—连接环

包带式星箭解锁装置通常由卫星适配器、包带、纵向限位弹簧、爆炸螺栓、分离弹簧、卡块、连接环等组成，如图 5 - 14 所示。若干个卡块将运载火箭与卫星的连接环卡住，靠包带将若干个卡块箍紧，用爆炸螺栓将相邻的包带固定，通过调节相邻包带间的距离施加预紧力。在卫星地面运输和动力飞行时，由卡块、包带和爆炸螺栓承受连接载荷。当卫星入轨后需要实现星箭分离时，爆炸螺栓解锁，包带预紧力释放，由纵向限位弹簧带动卡块脱离连接环，解除连接。

5.2.7　小结

本节对国内外 6 种典型的复合型连接分离装置的原理进行了介绍，表 5 - 1 对该 6 种典型装置进行了汇总，列出了装置的构型示意图、机构形式/原理、优点、缺点及应用情况，并在该表的末尾介绍了三爪式和柔性杆式两种复合型连接分离装置，后文中会结合相应设计方法具体介绍这两种装置的设计过程。

5.3　复合型连接分离装置设计

空间机构产品的设计过程一般都需要一个迭代的过程，复合型连接分离装置也不例外。首先由设计师依据设计输入并结合自己的设计经验梳理设计思路，进而提出几种可行的方案，通过方案的深化论证，全面考虑环境条件等各种约束，最终确定满足任务需求的解决方案。

5.3.1　设计输入

设计输入是指用户或上级设计师对复合型连接分离装置提出的要求，包括接口参数、环境条件、功能要求、性能指标要求等内容。

所有复合型连接分离装置在保证连接（对接）、冲击缓冲、释放、分离等基本功能的同时，还需要提供各种功能接口，包括电路、气路和液路连接等。这些功能接口设计不在本书讨论范围之内。

5.3.1.1　接口参数

接口参数通常可分为机械接口、电接口、热接口，但不是每一个复合型连接分离装置都包括上述 3 类接口。接口参数的最终确定通常需要复合型连接分离装置设计师与上级设计师进行多轮讨论、迭代，以确保单机和系统间的指标匹配性以及系统指标的最优化。接口参数确定的通用准则是保证接口复杂度低、安装操作方便、所需的专用工具少、操作结果易于检验。

（1）机械接口

机械接口包括装置质量、安装位置、安装截面形状、安装尺寸和精度、连接方式、位置精度、装置静包络和动包络尺寸等。其中对系统影响最大的是质量和包络尺寸，这两种参数会影响整个航天器的设备布局、质心位置和惯量等。另外，复合型连接分离装置的动包络对其周边设备的干涉影响也需要重点关注。

表 5 - 1　复合型连接分离装置简介

类型	构型示意图	机构形式/原理	优点	缺点	应用情况
异体同构式		由驱动环、耦合环和固定导向环内外嵌套构成，三者通过滑销以及滑销槽相互耦合实现机构的转动和平动	异体同构，主动端与被动端可以互换使用	主动端与被动端都需要配置动力源及遥测资源	德国 iBOSS 项目，研制中
连杆式		由两个自由度的五连杆机构组成，一台电机驱动双减速器输出，进而带动捕获臂的展开和收拢，实现对被动端初始容差的校正并将主动端与被动端拉紧	1）构型布局简单紧凑；2）差动机构具有容差回特性；3）捕获容差大	1）需要 3 套以上装置组合使用；2）对多套装置的同步性要求较高	国际空间站停泊装置，已完成在轨验证
弱撞击式		将对接过程的碰撞力反馈给控制系统解算，基于六自由度主动端对接环与被动端的位姿，达到减小对接冲击的目的	可以通过并联平台的控制，减小对接过程的冲击载荷	系统较为复杂，主动端与被动端的包络尺寸和质量都很大	美国国家航空航天局、欧洲空间局联合研制的 IBDM（International Berthing and Docking Mechanism）装置，已完成在轨验证

续表

类型	构型示意图	机构形式/原理	优点	缺点	应用情况
卡爪式		由3套独立的卡爪机构组成，卡爪机构由蜗轮蜗杆驱动	1) 捕获过程中无撞击；2) 横向容差大、纠偏能力较强；3) 布局灵活、形式可扩展	1) 占用空间较大；2) 3个卡爪需要独立驱动、消耗的系统资源多；3) 轴向锁紧力较小	日本ETS-Ⅶ项目，已完成在轨验证
网捕式		主要包括网包（折叠的飞网）、功能质量块（带收口功能）、飞网释放装置，系绳收放装置等。释放装置将功能质量块弹出，功能质量块从网包拉出飞网进而包覆目标，系绳收放装置完成飞网系绳组合体的拖曳控制	1) 可以捕获不规则形状的非合作目标；2) 捕获目标的尺度可以从几厘米至几十米	1) 飞网发射后姿态不可控；2) 不可重复使用；3) 易与航天器发生缠绕	英国萨瑞大学飞网捕获项目，已完成在轨验证
包带式		若干个卡块将卫星连接环和火箭连接环卡住，利用对卡块施加预紧载荷，包带端部用火工装置连接	1) 结构形式简单，能适应多种尺寸的对接框；2) 预紧载荷调节范围大；3) 通常由2段或3段包带连接、解锁冗余性好	1) 不可重复使用；2) 冲击载荷较大	国内外广泛应用

续表

类型	构型示意图	机构形式/原理	优点	缺点	应用情况
三爪式		1 套丝杠螺母带动 3 套平行的四边形机构的展开，实现机构的展开、捕获，校正以及锁紧	1）对系统资源要求低； 2）姿态校正能力强； 3）承载能力强	构型布局不利于提高容差能力	美国轨道快车项目，已完成在轨验证
柔性杆式		1 套滚珠丝杠驱动柔性杆外伸和回缩，完成捕获、拖动动作，靠周边 3 套刚性杆实现锁定承载，靠位于被动端中心的 1 套电磁推杆和位于周边的 3 套电磁推杆实现解锁	采用柔性实现软对接，对接过程中冲击载荷小	1）占用空间较大，周向不利于接插件布局； 2）被动端需设置 4 套解锁动力源，机构复杂	美国轨道快车项目，已完成飞机抛物线试验

① 质量

对于所有复合型连接分离装置乃至所有空间机构产品来说，质量是一个关键参数。减重是空间产品设计永恒的主题。对于复合型连接分离装置来说，可以从以下几方面入手开展减重工作：

1）选用低密度材料。在满足强度和刚度指标的前提下，选用复合材料或者铝合金、镁合金等低密度的金属材料，但该措施可能会导致材料及加工成本增大。

2）避免过度冗余。为提高可靠性，复合型连接分离装置通常采用冗余设计，如电机绕组备份、检测信号装置备份等，这些都会增加产品质量，所以要控制冗余程度，避免过度冗余。

3）采用适当的安全裕度。在复合型连接分离装置设计中，关键承载部件的强度裕度一般不小于 1，驱动力矩（力）的裕度一般不小于 0.25（参照美国 MIL‑HDBK‑83577 和欧洲 ECSS‑E‑30 标准），有时要求更大。这在一定程度上将增大零部件结构尺寸和质量。

② 包络尺寸

包络尺寸用于约束复合型连接分离装置的外形尺寸。由于复合型连接分离装置处于收拢和展开状态时的外形尺寸差别较大，在从收拢到展开的过程中，其外形尺寸（动包络）不断变化。设计师要特别关注复合型连接分离装置的动包络及其与周边设备之间的干涉情况，通常需要装置设计师与系统布局设计师经过几轮迭代论证才能确定最终的包络。同时复合型连接分离装置的设计师应尽可能降低机构运动轨迹的复杂性，使动包络的范围最小，以降低系统布局的难度。

（2）电接口

建立电路通路即保持连接器电路的畅通，是复合型连接分离装置的一项基本功能。电接口可以分为两类：一类是维持复合型连接分离装置自身工作的电接口；另一类是通过复合型连接分离装置实现通路的电接口。

前者包括装置的功耗、控制、遥测等强电、弱电要求，与常规空间机构的电接口相似。其中功耗指标（强电指标）对系统的影响较大，会影响整个航天器的电源分配，需要特别关注。功耗又可以分为常时功耗和瞬时功耗：常时功耗指的是维持开机的最小功耗，是长期需要的；瞬时功耗指的是考虑产品在各种故障模式下的最大功耗，为短时需要的。因此，常时功耗一般远小于瞬时功耗。

后者通常指的是通过复合型连接分离装置对接面的过路电需求，如总线接口、以太网接口、强电接口等。通常采用在主动端和被动端上配置对偶的电连接器实现，并对电连接器的类型、插接方式、插拔力以及导向、安装的形位公差等提出要求。对多个电连接器之间或单个电连接器内部还要明确电连接器内的插针排布、接点对应关系、强弱电隔离布局等要求。

（3）热接口

复合型连接分离装置由于其功能的特殊性，需要在轨多次工作、重复开关机，其面临的热环境条件通常较为苛刻，为此需要对其进行温度控制。热接口是为了满足复合型连接分离装置的热环境要求而与航天器总体达成的协议，包括所需的功耗以及相应热管、电加热器件、热控多层等，以及这些热控器件在复合型连接分离装置上的安装方式、实施细节等。

5.3.1.2　环境条件

环境条件是指复合型连接分离装置在地面装配集成、地面储存及运输、测试、发射入轨、在轨工作、受控离轨等全任务周期内所经历的所有环境条件。按照环境特点不同，可以分为力学环境条件、热环境条件、湿度环境条件、真空环境条件、辐照环境条件、原子氧环境条件等。对于复合型连接分离装置而言，需要重点考虑力学环境条件、热环境条件和真空环境条件的影响。

（1）力学环境条件

力学环境是复合型连接分离装置设计的主要约束，发射段的力学载荷是设计复合型连接分离装置时需要考虑的主要载荷之一。通常可以将其等效为随机载荷、冲击载荷和稳态加速度载荷，在地面试验时，常采用正弦、随机、冲击、稳态加速度四类试验验证复合型连接分离装置对发射段力学载荷的承受能力。

除了上述发射段力学环境外，复合型连接分离装置在对接过程中也会受到冲击载荷的作用。该载荷是两个航天器以一定的速度和姿态接近时主动端和被动端碰撞接触时的载荷，由于两个航天器各自的质量和惯量一般都很大，因此，即使以较小的相对速度和姿态碰撞也会产生较大的冲击载荷。

复合型连接分离装置特有的力学载荷还包括在轨传递冲击载荷。在复合型连接分离装置主动端与被动端对接锁定模式下，即两个航天器为组合体状态时，如果有第三个航天器与组合体对接，那么由此产生的冲击载荷会传递到前一个对接面，使复合型连接分离装置再次受到较大的冲击载荷。

综上所述，对于复合型连接分离装置需要考虑的力学载荷主要包括 3 类：发射段的力学载荷、在轨对接的力学载荷、在轨传递的冲击载荷。在设计复合型连接分离装置时，需逐项评估这三类载荷，选取最大载荷作为设计的力学载荷条件。

（2）热环境条件

热环境条件又称为温度环境条件，是指极端温度环境、快速温度变化、高温度梯度等的具体情况，这些条件对复合型连接分离装置工作性能有重要影响。按阶段划分，热环境条件可以分为三个阶段：地面测试及转运存储阶段、发射阶段、在轨飞行阶段。

在地面组装、测试、转运、存储过程中通常为常温环境，且易于对产品进行防护，所以该阶段的温度环境较为温和。

发射阶段的时间较短，一般为几分钟或十余分钟，且航天器本身又具有一定的热容，所以该阶段热环境条件也不会太恶劣。

从工作环境及其作用时间看，在轨热环境条件最苛刻。因此，航天器在轨工作过程的热环境，是设计复合型连接分离装置时应考虑的主要热环境，进行地面试验时通常也针对在轨飞行的热环境影响开展验证工作。

对于复合型连接分离装置来说，热环境的影响会导致以下 3 个问题：

1）由于不同材料零部件的热膨胀结果不同而导致机构卡滞、卡死；

2）一些元器件在极端高温或低温环境下工作异常或失效；

3）极端温度导致非金属材料（如固体润滑膜、固液混合润滑脂等）性能下降，进而导致驱动组件输出力/力矩不足或传动组件效率下降。

对于第 1 个问题，应对措施是尽可能采用相同的材料或线膨胀系数相近的材料；或采用适当的温控方法缩小温度变化范围；或在重要的配合部位预设合理的间隙。对于第 2 个问题，常通过必要的主动/被动热控制措施来保证相应元器件的工作温度要求。对于第 3 个问题，常通过驱动力（力矩）裕度设计，并通过专项摸底或拉偏测试来确保措施的有效性。

（3）真空环境条件

真空会使许多材料表现出与地面不同的性能，对于复合型连接分离装置，真空环境的影响主要有如下两个方面：

1）真空环境会加速非金属材料（润滑脂等）的挥发；

2）真空环境会导致配合部位发生粘连或真空冷焊，从而导致不能正常分离。

对于第 1 个问题，采用局部密封设计或选择低出气率的润滑剂（润滑膜）。对于第 2 个问题，常通过使用相异材料或零件表面的涂层、镀层、氧化层来避免发生粘连或真空冷焊。

（4）其他环境条件

由于任务模式的差别，对同一产品进行设计时所需要考虑的环境条件可能有本质的差别，比如某两个复合型连接分离装置的所有功能、性能要求都一致，仅是将发射场地由内陆地区改为沿海地区，那么在设计时就必须考虑沿海地区的盐雾环境影响。如避免采用9Cr18 等不耐腐蚀的材料，或对不耐腐蚀的材料采用相应的保护措施。

在复合型连接分离装置设计过程中，需要关注的环境条件还包括电磁兼容性、湿度、洁净度、紫外、原子氧、辐照等的影响。需要结合具体需求开展设计工作，如湿度环境能导致腐蚀，使某些固体润滑涂层性能降低；辐照环境会导致非金属材料性能降低等。

5.3.1.3　性能指标

性能指标是在接口参数和环境条件的基础上，对复合型连接分离装置功能要求的量化。复合型连接分离装置的性能指标与其功能原理相关联，功能不同则装置性能指标的差异会很大。如包带式星箭解锁装置，通常要求解锁冲击及动包络在一定范围内。而国际空间站上的连杆式停泊装置，通常要明确伸出时间、捕获时间、锁紧力等指标。虽然不同复合型连接分离装置的具体性能指标要求一般不同，但通常都包括以下内容。

（1）刚度指标

通常来讲，复合型连接分离装置的刚度越高越好。这一方面可以避免与整个航天器发生共振，另一方面能确保复合型连接分离装置在承受外部载荷时不易发生变形。复合型连接分离装置的刚度由传力路径上的所有柔性部件来决定，如弹簧、销、轴承等。由于复合型连接分离装置通常由主动端和被动端两部分组成，因此对其刚度的匹配性设计也非常重要，应确保二者刚度在同一量级。

（2）容差指标

容差适配能力是指在给定位置和姿态条件（位姿条件）下，复合型连接分离装置具备完成设定任务的能力，是可重复使用复合型连接分离装置的一项重要指标。容差指标包括复合型连接分离装置主动端和被动端之间的相对距离、相对角度、相对速度、相对角速度等参数。容差适配能力高的复合型连接分离装置易于实现自主对接，如连杆式停泊装置。而卡爪式连接分离装置则属于一种容差适配能力较弱的装置，通常需要机械臂的辅助作用来确保所需的位置和姿态条件。

（3）寿命指标

复合型连接分离装置的寿命指标可以分为两个层面：时间寿命和工作次数寿命。在设计输入中通常对时间寿命和工作次数寿命都有明确约定。时间寿命包括地面组装测试周期、在轨工作周期，一般以年为单位。在轨工作周期可分为主动端和被动端单独在轨存储的周期、主动端和被动端连接锁定后（带载模式）的工作周期。工作次数寿命是指复合型连接分离装置的工作次数，一般可以由对接与分离的次数约定，包括地面试验次数和在轨工作次数，约定时应考虑一定的余量或裕度。

5.3.2　设计思路

在明确设计输入后即可开展复合型连接分离装置的设计工作。复合型连接分离装置作为一种典型的航天器机构，在设计时需要遵循一般航天器机构的设计原则。除了常规的任务分析和方案论证外，在设计过程中需要重点关注构型布局设计、预紧力设计、对接容差设计、试验设计。

5.3.2.1　任务分析

任务分析是对复合型连接分离装置全寿命周期内功能要求、性能要求、工作环境条件等的全面梳理。它一般沿时间轴，从产品的集成测试开始，直至产品寿命末期为止。通过任务分析明确各任务阶段产品的工作模式、工作特点、工作时间、环境条件等，同时识别已有设计输入中可能遗漏的指标，并进行必要的补充、分解或细化。

5.3.2.2　方案论证

方案论证是结合设计输入和任务分析，提出能够满足上述要求的几种备选方案，并对备选方案进行比较、选优的过程。通常难以对方案论证过程中的对比项目、评定标准进行规范、限定，不同设计师的思路会有所不同，因此方案论证过程也是体现设计师水平的过程。

方案论证的主要思路是围绕设计输入的功能和性能指标要求以及环境条件等，开展相应的方案设计工作，在满足指标要求的基础上，以"两低一少"的标准优选方案，即产品实现难度低、成本造价低、对航天器系统的反约束少。在方案论证过程中很重要的一项工作是回答设计结果是否满足设计要求，以及为满足设计输入需要对航天器系统提出的反约束条件。

5.3.2.3　构型布局设计

构型布局设计属于复合型连接分离装置的总体设计内容，在该环节需要设计师结合设计输入提出总体构型、机构原理、组成模块、接口形式等，并评估设计方案的合理性、可行性，以及方案实现的难易程度、成本代价。在该环节通常需要提出能够满足上述设计输入的两种以上的方案，通过优选确定最终方案，作为后续详细设计的依据。

5.3.2.4　预紧力设计

预紧力是确定复合型连接分离装置与相应的航天器相连接的连接框刚度指标和强度指标的依据，也是分配复合型连接分离装置各部组件刚度指标和强度指标的依据。确定合理的复合型连接分离装置的预紧力非常重要。如果预紧力太小可能不足以保证可靠连接或压紧，或者不能为系统提供传力路径上所必需的结构刚度；预紧力太大则可能导致连接件质量、尺寸过大。预紧力通常在复合型连接分离装置方案制定过程中得到初步确定，其大小随着设计方案的明确将越来越准确。

5.3.2.5　对接容差设计

对接容差设计是复合型连接分离装置所独有的设计内容，是建立刚性连接的前提。在质量、外形尺寸的限制下，应使对接容差尽可能大，即复合型连接分离装置主动端与被动端相互适应的容限应尽可能大，包括三个方向的相对位置容限、相对速度容限以及相对角速度容限。对接容差设计是复合型连接分离装置设计的重要内容，初步完成该设计后，还常常采用 Adams 等商业软件进行运动学和动力学分析验证。

5.3.2.6　试验设计

复合型连接分离装置设计的验证主要包括分析验证和试验验证。在方案设计阶段应安排合理的试验项目以考核设计的正确性，并对产品的性能进行摸底以明晰产品在设计过程中的参数取值是否合理，产品的关键性能是否能够与设计指标保持一致。

除了需要对传统空间机构进行的冲击试验、随机振动试验、正弦振动试验、加速度试验、热真空试验、电磁兼容试验、功能和性能试验（含寿命试验）、可靠性试验等试验项目外，复合型连接分离装置还需要重点关注容差性能试验、刚度试验、对接模式下强度试验，以及分离试验等。

（1）容差性能试验

该试验用于考核在不同位姿条件下复合型连接分离装置主动端和被动端是否能够完成对接（连接）任务。该试验一般在专用的六自由度试验平台上实施。

（2）刚度试验

该试验用于测试复合型连接分离装置主动端和被动端的拉压刚度、扭转刚度、弯曲刚度，以及主动端与被动端组合体的刚度，获得相对刚度系数，以验证设计过程中的相对刚度系数取值的合理性。

（3）对接模式下强度试验

该试验用于考核复合型连接分离装置在不同量级外载条件下能否发生连接功能下降、丧失或破坏。试验量级通常包括验收级、鉴定级和超载级。通过试验数据可以完善修正仿真分析的模型，并验证设计过程参数取值的合理性。此外，通过试验结果也可直接证明产品的健壮性。

（4）分离试验

通过该试验证明产品解锁的同步性以及分离速度、角速度等的正确性，在地面试验中通常借助高速摄像等手段来获得测试数据和图像。

5.3.3　力学设计

复合型连接分离装置力学设计的本质是刚度设计和强度设计。刚度设计保证装置抵抗变形的能力，强度设计保证装置在外载作用下不遭到破坏的能力。无论是刚度设计还是强度设计，其依据都是界面载荷。

所谓的界面载荷是指复合型连接分离装置与航天器连接界面上承受的力学载荷。在大多数情况下，外载荷不是直接作用在界面上，而是通过相应连接传递到界面上。当上级设计师不能直接给出界面载荷时，需要复合型连接分离装置设计师通过任务剖面分析，梳理、识别出界面载荷，该过程具有一定的技术挑战性。

为保证主动端与被动端对接后航天器组合体的刚度特性，实现连接界面预紧力不小于0（不发生开缝）的目标，需对复合型连接分离装置施加一定的预紧载荷。只要外载荷不超过预紧载荷，复合型连接分离装置就不会发生连接失效。所以复合型连接分离装置的力学设计又变为预紧力设计，预紧载荷也成为复合型连接分离装置强度初步设计的依据之一。

5.3.3.1　界面载荷来源

（1）发射段载荷

复合型连接分离装置的发射段载荷即从地面起飞到入轨过程中的载荷，是航天器的主要外载荷。通常运载火箭会给出发射段航天器的准静态载荷系数（以重力加速度为单位的加速度值），外载荷可通过准静态载荷系数结合航天器质量、质心计算获得。

（2）重力载荷

在地面装配时，如果复合型连接分离装置受到连接件的重力作用，那么相应的构件将由此发生额外变形，又称为重力变形。航天器入轨后，连接件的重力作用消失，重力变形将在相应构件中重新分配，进而导致复合型连接分离装置预紧力发生变化，因此需特别关注重力载荷对预紧力的影响。

（3）分离载荷

对于具有分离功能的复合型连接分离装置，如果采用储能方式实现分离，则复合型连接分离装置还要受到分离载荷的作用。

（4）密封载荷

对于连接面具有密封功能要求的复合型连接分离装置，在预紧载荷和外载荷共同作用下，剩余预紧载荷应满足密封件的最小变形量要求，以确保密封可靠。

（5）对接载荷

在复合型连接分离装置主动端和被动端对接时，会带来相应的冲击载荷，简称对接载荷。该载荷跟复合型连接分离装置的工作原理有关，其大小受主动端和被动端所连接的航天器的质量、惯量、相对速度、相对加速度和对接时二者之间的相对位姿影响。

（6）在轨传递冲击载荷

在复合型连接分离装置主动端与被动端对接锁定模式下，如果有第三个航天器再次对接，会使复合型连接分离装置再次受到较大的冲击载荷。

上述载荷统称为界面载荷。通常界面载荷由数项上述载荷叠加而成。

5.3.3.2　预紧力分析

复合型连接分离装置主动端和被动端的对接面一般通过一组连接点实现连接、锁紧，与相应连接点对应的传力路径上的构件称为连接件与被连接件，如图 5-15 所示。假设连接件与被连接件都是弹性体，且对接面始终不开缝，则在横向载荷（弯矩）作用下被动端相对主动端有绕中心轴线翻转的趋势。以中心轴线为界在轴线的一侧受拉（阴影区域），另一侧受压。则根据静力平衡条件，有

$$F_1 r_1 + F_2 r_2 + \cdots + F_n r_n = M \tag{5-1}$$

式中　n——压紧点个数；

　　　F_n——第 n 个压紧点的等效轴向力。

假设连接件与被连接件的拉压刚度相同，根据变形协调条件，各连接件的拉伸变形量与力臂成正比，即

$$\frac{F_1}{r_1} = \frac{F_2}{r_2} = \cdots = \frac{F_n}{r_n} \tag{5-2}$$

式中，r_n 表示第 n 个压紧点处的变形量，由式（5-1）和式（5-2）可得

$$F_n = \frac{M r_n}{\sum_{i=1}^{n} r_i^2} \tag{5-3}$$

由式（5-3）可知，在弯矩 M 的作用下，不同连接点所承受的载荷是不同的。通常将 n 个点中等效轴向力值最大的 F_n 记为 $F_{(\max)}$。在实际工程研制中，考虑到工程实施的方便性，以及弯矩载荷方向的随机性，在每个连接点都施加最大值。因此横向弯矩等效后的等效轴向总载荷 F_z 为

$$F_z = n F_{(\max)} \tag{5-4}$$

界面载荷产生于任务全周期的不同阶段，在对界面载荷进行分析时应区别对待，通常界面载荷由界面的拉力、压力、弯矩、扭矩等构成，需要通过受力分析确定界面载荷在对接面上的等效结果，综合评估载荷的最大包络后得到的界面的等效轴向载荷分别为

$$\begin{cases} F_{w1} = F_L + F_g \\ F_{w2} = F_c + F_f + F_m \\ F_{w3} = F_d \end{cases} \tag{5-5}$$

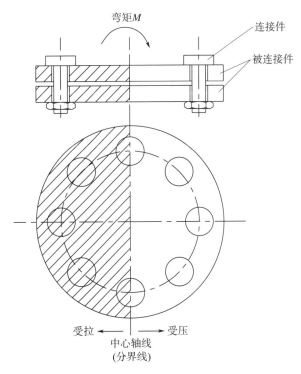

图 5 - 15　连接件与被连接件受载示意图

式中　F_{w1}——发射段载荷；

　　　F_{w2}——在轨传递载荷；

　　　F_{w3}——对接冲击载荷；

　　　F_L——复合型连接分离装置的发射段载荷；

　　　F_g——复合型连接分离装置承受的重力载荷；

　　　F_c——复合型连接分离装置承受的在轨传递载荷；

　　　F_f——复合型连接分离装置分离面的分离载荷；

　　　F_m——复合型连接分离装置承受的密封载荷；

　　　F_d——复合型连接分离装置承受的对接冲击载荷。

　　复合型连接分离装置施加的预紧载荷应满足在预紧力和外载荷共同作用下连接界面的密封要求，无密封要求时应保证对接面不开缝。取 F_{w1}、F_{w2}、F_{w3} 三者的最大值作为设计外载荷 F_p。

　　确定外载荷 F_p 后，即可根据本书 2.4.2 节的方法确定复合型连接分离装置的预紧力值。

5.3.4　热设计

　　热设计的目标是确保复合型连接分离装置上的各部组件都能在预期的温度范围内工作，保证全任务周期内复合型连接分离装置的温度范围不超限。通常情况下，地面存储、运输以及发射段的温度环境较为温和，这是因为地面存储、运输阶段环境温度的调控较为方便，而发射段的时间较短，因此该阶段的温度波动幅值一般不大。

复合型连接分离装置以航天器入轨后的空间环境最为恶劣，例如在太阳直射下，航天器的表面温度可达到 100 ℃以上；相反背光面温度可能达到－100 ℃。因此在轨工作阶段必须梳理具体的工作模式、轨道高度、光照周期，据此判断具体的温度范围。

热设计主要针对复合型连接分离装置在轨飞行阶段的高低温环境，确保此阶段的温度范围不超出各部组件的预期工作温度范围。

热分析是有效开展热设计工作的前提。热分析时需要考虑复合型连接分离装置内部及外部的热影响因素。

内部的热影响因素包括：

1）所有内部发热组件的位置和发热量，包括不同工作模式下的发热量变化以及异常工作模式下的发热量增加或衰减情况；

2）部组件的尺寸和局部热流，允许的温度变化范围及温度变化速率；

3）复合型连接分离装置的部组件之间热传递途径；

4）热控实施的空间和可利用的散热面积及相应组件的材料、表面状态及安装方式。

外部的热环境因素包括：

1）复合型连接分离装置所在航天器的轨道参数，包括轨道高度、轨道倾角、遮光持续时间等；

2）对太阳的定向、对地球的视角或邻近物体的视角姿态参数；

3）与距太阳距离成函数关系的太阳辐射密度；

4）邻近行星体的红外辐射和发射率。

热分析可采取理论估算和模型分析两种方法。理论估算常给出上限值和下限值，估值范围较宽，但结果不如模型分析方法准确。模型分析常采用商业软件，如 Thermal Desktop（简记为 TD）进行精确建模分析，进而提供较准确的分析结果。

在整个热设计过程中至少需开展两轮热分析工作。第一轮是假设不采取热控措施时进行的分析，以该轮分析结果为参照，热设计师评估复合型连接分离装置各部组件温度超限情况，并开展主动或被动热设计工作。第二轮是假设采取相应热控措施时进行的分析，并核对分析结果与设计指标的符合情况。满足指标要求则热设计完成，不满足则需要完善热设计并重新进行热分析，再核对指标符合情况。

热设计时，采取的热控措施按照其是否有功耗可分为主动热控和被动热控。

主动热控措施的种类很多，例如加热器、可控百叶窗等。主动热控措施的选取需结合复合型连接分离装置整机热耗和热接口状态等确定。

被动热控措施是指利用多层隔热组件对热控对象进行热包覆。多层隔热组件由多层芯、双面镀铝聚酰亚胺薄膜和外表面膜组成。多层芯由反射屏和间隔层相互叠合组成，反射屏为双面镀铝聚酯膜，间隔层为涤纶网，一层反射屏和一层间隔层为一个单元。多层芯之外为三层双面镀铝聚酰亚胺薄膜，最外层的外表面膜为一层无毒阻燃布。常见的被动热控措施还包括热控涂层，它属于改变产品表面状态（发射率和吸收率）的一种热控措施。

5.3.5　工艺设计

在复合型连接分离装置方案设计阶段就要考虑产品实现问题，即加工工艺问题。如何在一定的时间和成本约束下完成复合型连接分离装置的产品实现任务，往往需要设计师对设计方案进行折中取舍。复合型连接分离装置通常需要在不可维修的情况下完成多次对接，这对其产品设计的健壮性、制造与装配的工艺性以及对接实施的方便性提出了较高要求。

常采用以下措施，改进设计工艺：

1) 尽量减少零件的数量。用一个昂贵零件代替由许多便宜零件组成的复杂组件，往往是经济的。例如，通过机械加工一块厚板得到一个整体结构，来替代用许多零件和接头焊接或螺接成的一个平面框架结构。前者会浪费一些原材料，但整体的单件机加工易于实现自动化。后者为了制造框架结构，需要设计和制造装配工具，制定焊接工艺方案，矫直翘曲的焊接组件，安装紧固件，以及处理制造超差等问题，可能是一种费用要大得多的制造方式。

2) 尽量减少零件的品种规格。在设计上尽量实现通用化和系列化，尽可能采用标准零件和在多个部位使用同一零件。例如，在整个设计中尽量采用相同类型和尺寸的紧固件，而不追求在每个部位选择最小、最轻的紧固件。这不仅简化了生产工艺，而且减小了错装的可能性。

3) 尽可能简化设计。这是上述两个原则的推论，一般来说，很容易确定什么是最简单的设计方式，但有时需要花更多时间来进行判断。

4) 选择现有的成熟制造工艺。由于采用新工艺的费用很高，应该首先考虑采用现有的制造工艺。

5) 设计可以相互独立的部件。每个独立的部件可以单独进行检验和试验，易于并行生产，并且在必要时易于置换。如果可能，则采用组合化（模块化）设计。由此简化了装配，改善了互换性，并减少了特殊制造工艺和装配零件的数目。

6) 放宽非关键尺寸的公差。较宽的公差易于选择制造工艺方法，且能够降低制造检验成本；而较严的公差往往会增加制造费用、增大超差可能性，因此仅在必要时才规定较严公差。

7) 保证易操作性。在设计中应保证吊装或装配产品所需的工具、工序和方式简单，以便于产品的运输、装配和拆卸。

8) 正确选择与制造工艺相协调的材料。材料的选择和制造工艺有着较紧密的关系，例如，某些材料难以机械加工，有些材料不具有成形所需的延展性，有些材料不能焊接，有些材料不能使用紧固件等。

9) 增设调整环节。增设允许调整、校准的环节，例如，在组装过程中设置调整垫片、配打定位销等，这往往会显著降低装配成本，提高产品性能。

10) 粗定位与精定位相互配合。根据复合型连接分离装置对接过程的特点，采用先粗后精的递进定位方式确保对接实施的方便性。

11) 尺寸一致性筛选。对于成组/成套使用的部组件，为了保证装配后尺寸的一致性，在零部件加工、装配过程中进行筛选配对，即采用"大孔配大轴""小孔配小轴"的一致性保证方式。

5.4　轨道快车连接分离装置设计实例

美国轨道快车项目（Orbital Express，OE）由美国国防高级研究计划局（DARPA）于 1999 年提出[17-18]，其目标是为了验证卫星自主对接、加注和设备更换等在轨服务相关关键技术。该任务要求实现两个航天器的在轨捕获、对接，并建立可靠的电路连接。针对该任务需求，美国密歇根宇航公司和 SRC 公司分别提出了一种设计方案，并完成了相关的鉴定试验。最终轨道快车项目选用了 SRC 公司的三爪式复合型连接分离装置，并完成了在轨演示验证[17-20]。本章以轨道快车项目中的复合型连接分离装置为例，结合前文的设计方法，对三爪式连接分离装置的设计过程进行简单介绍。

5.4.1　设计输入

由于美国轨道快车项目公开资料不完整，且在轨道快车项目实施过程中任务规划几经调整，已披露的信息数据可能不是最终数据，仅能作为参考。本章提到的设计输入有些是作者结合轨道快车项目进行推定或假设的，可能与其真实数据有差别，但不影响本书对其设计基本过程的阐释。

5.4.1.1　基本功能需求

1）轨道快车项目的主任务是完成 700 kg 级航天器（主动星）和 300 kg 级航天器（被动星）的在轨重复对接与分离。

2）主动星和被动星分别配置连接分离装置的主动端和被动端，在一定的相对位姿条件下可实现主动端与被动端的对接与分离功能，并能给出连接或分离的通断信号。

3）主动星与被动星对接完成后实现电路连通，两器分离后电路断开。

5.4.1.2　性能要求

1）主动星和被动星工作的近圆轨道高度为 400～450 km，轨道倾角为 42°～ 43°（可据此获得该轨道下的空间环境）；

2）连接分离装置的主动端和被动端，在上行入轨过程中各自单独承受发射段力学条件；

3）质量要求：主动端小于 20 kg，被动端小于 10 kg；

4）功耗要求：主动端小于 100 W，被动端小于 100 W；

5）包络要求：主动端 $\phi 300$ mm×400 mm，被动端 $\phi 300$ mm×200 mm；

6）容差要求：三向位移为 ± 0.07 m、三向速度为 ± 0.02 m/s、三向角位置偏差为 $\pm 5°$、三向角速度偏差为 ± 0.1（°）/s。

5.4.2　任务分析及设计指标

5.4.2.1　任务分析

轨道快车项目的任务可以分解为 3 个主要阶段：地面总装测试阶段、发射阶段、在轨对接与分离阶段。

地面总装测试阶段的主要任务包括连接分离装置的组装、测试，以及相关的转运、存储等。

发射阶段的主要特点是主动端和被动端随相应的主动星和被动星经历发射时力学环境。

在在轨对接与分离阶段，主动端和被动端要实现 3 个功能。

（1）容差适配功能

1）捕获：在两个航天器初始位姿条件下捕获；

2）拉近与校正：捕获后提供一定拉紧力使两个航天器靠近，在拉近过程中实现粗导向及偏差的校正，包括俯仰/滚转/偏航偏差；

3）阻尼缓冲：采取缓冲措施减小冲击，同时为分离动作进行弹簧储能；

4）精导向：使两个航天器的相对位姿达到重复锁定的范围。

（2）锁定与解锁功能

1）锁定：主动端和被动端锁紧，进而将两个航天器固定连接，满足相应的连接刚度要求，给出锁定信号；

2）防松：长期锁定时应避免应力松弛；

3）分离：解锁后提供一定的分离力，使两个航天器以预期的相对分离速度和分离姿态分离，并给出分离信号。

（3）电路连通与切断功能

1）在连接时使主动端、被动端上配置的电连接器可靠插合，保证电路通路；

2）在分离时保证电连接器的插头与插座成功脱开，切断电路通路。

对 3 个主任务阶段对应的环境条件及任务特点进行分析，如表 5 - 2、表 5 - 3 和表 5 - 5 所示。3 个表分别给出了地面总装测试阶段、发射阶段、在轨对接与分离阶段的力学环境条件、热环境条件。表 5 - 4 给出了发射阶段主动端与主动星、被动端与被动星的准静态载荷系数[10]。

需要说明的是：

1）表 5 - 4 中的准静态载荷系数是假设的，是依据常规运载火箭与航天器星箭分离面的准静态载荷得出的，不同运载火箭的过载系数不同；

2）表 5 - 4 中轴向过载系数的"＋"表示压载荷，"－"表示拉载荷；

3）当轴向、横向载荷同时作用时，横向载荷可垂直于火箭纵轴的任何方向。

表 5 - 2　地面总装测试阶段任务分析

阶段	总装测试阶段	力学试验阶段	热试验阶段	系统级联试阶段	发射场阶段
任务描述	地面阶段总装测试两年；经历常温常压环境；被动端电连接器需要进行导通测试；主动端需要加电测试	主动端和被动端随两个航天器进行力学试验，试验项目包括加速度、随机振动、正弦振动以及冲击试验；试验量级依据对应运载火箭的要求确定	被动端、主动端需要进行单机热循环、热真空试验，并在高低温条件下进行性能验证；主动端和被动端还要随两个航天器进行热试验，试验条件见相应设计输入	在六自由度试验系统上模拟相对位姿条件，进行对接与分离试验	在发射场经历总装测试；对产品进行加电测试
环境条件	常温常压；相对湿度为30%～70%	常温常压；相对湿度为30%～70%	在热控措施下热试验温度为−50 ℃～+60 ℃	常温常压；相对湿度为30%～70%	常温常压；相对湿度为30%～70%
载荷条件	无	根据安装位置，并结合火箭发射段力学环境确定主动端、被动端的最大载荷	无	对接冲击载荷	具有相应防护措施的运输环境

表 5 - 3　发射阶段任务分析

阶段	被动端随被动星发射阶段	主动端随主动星发射阶段
任务描述	承受发射段的载荷	承受发射段的载荷
环境条件	由地面的常温常压环境变为低轨的舱外真空环境；环境温度条件为−50 ℃～+60 ℃	由地面的常温常压环境变为低轨的舱外真空环境；环境温度条件为−50 ℃～+60 ℃
载荷条件	见表 5 - 4；被动端距离星箭分离面高度为2 000 mm	见表 5 - 4；主动端距离星箭分离面高度为1 000 mm

表 5 - 4　星箭分离面的准静态载荷条件

飞行段	轴向过载系数			横向过载系数		
	静	动	综合	静	动	综合
跨声速抖振及最大动压工况	−1.9	±0.6	−1.3 −2.5	0.6	1.0	1.6
一、二级分离前瞬间工况	−5.3	±0.6	−4.6 −5.8	0.4	0.6	1.0
一、二级分离工况	−0.1	±3.0	+2.9 −3.1	0.4	0.6	1.0

表 5 - 5　在轨对接与分离阶段任务分析

阶段	被动端在轨飞行阶段	主动端在轨飞行阶段	对接任务阶段	分离任务阶段
任务描述	经历舱外空间环境；承受变轨冲击、调姿等载荷	经历舱外空间环境；承受变轨冲击、调姿等载荷	经历舱外空间环境；主动端和被动端承受对接过程的冲击载荷	经历舱外空间环境；主动端和被动端承受解锁与分离过程的冲击载荷
环境条件	在舱外环境中，电子元器件需要关注微流星、辐照、原子氧等空间环境的不利影响；环境温度条件为 −50 ℃～+60 ℃	在舱外环境中，电子元器件需要关注微流星、辐照、原子氧等空间环境的不利影响；环境温度条件为 −50 ℃～+60 ℃	在舱外环境中，电子元器件需要关注微流星、辐照、原子氧等空间环境的不利影响；环境温度条件为 −50 ℃～+60 ℃；对接冲击载荷为两航天器捕获校正过程中的冲击	在舱外环境中，电子元器件需要关注微流星、辐照、原子氧等空间环境的不利影响；环境温度条件为 −50 ℃～+60 ℃；分离冲击载荷为弹簧储能装置给出的分离力

5.4.2.2　设计指标体系

通过上述任务分析，可以将设计输入进行列表汇总形成指标体系，在指标体系中需要将设计输入中未明确的指标根据任务特点进行二次分解，如表 5 - 6 中的刚度指标、分离力指标等。这些指标又称为内部指标，上级系统不作具体要求，但在复合型连接分离装置设计过程中又不可或缺。

表 5 - 6　设计指标体系

序号	名称		要求指标	释义	设计分类
1	主动星	质量	700 kg	—	设计输入
2		惯量 kg · m²	Ixx: 600 Iyy: 500 Izz: 400	相对于质心	设计输入
3		质心高度	1 000 mm	相对星箭分离面	设计输入
4	被动星	质量	300 kg	—	设计输入
5		惯量 kg · m²	Ixx: 400 Iyy: 300 Izz: 200	相对于质心	设计输入
6		质心高度	2 000 mm	相对星箭分离面	设计输入
7	轨道		近圆轨道高度为 400～450 km，轨道倾角为 42°～43°	—	设计输入
8	火箭准静态载荷		见表 5 - 4	星箭分离面	设计输入

续表

序号	名称		要求指标	释义	设计分类
9	质量	主动端	≤20 kg	安装于主动星	设计输入
10		被动端	≤10 kg	安装于被动星	设计输入
11	主体包络	主动端	φ300 mm×400 mm	安装于主动星	设计输入
12		被动端	φ300 mm×200 mm	安装于被动星	设计输入
13	姿态容差	位移 $X/Y/Z$	±0.07 m	—	设计输入
14		速度 $X/Y/Z$	±0.02 m/s	—	设计输入
15		角速度	±5°	俯仰/滚转/偏航	设计输入
16		角加速度	±0.1 (°)/s	俯仰/滚转/偏航	设计输入
17	在轨承载质量		700 kg＋200 kg		设计输入
18	连接状态刚度	弯曲及扭转刚度 [Krx, Kry, Krz] (Nm/rad)	优于 [1E5, 1E5, 2E6]	主动端、被动端连接状态，轴向地面固定	内部指标
19		侧向剪切及轴向拉压刚度 [Kx, Ky, Kz] (N/m)	优于 [8.6E5, 8.6E5, 2E6]	主动端、被动端连接状态，轴向地面固定	内部指标
20	轴向分离力		≥200 N	—	内部指标
21	自动对接（分离）时间		≤10 min	—	内部指标
22	功耗	工作模式	≤100 W	主动端/被动端	设计输入
23	过路供电指标	过路电压	100 V	—	内部指标
24		过路功率	≥1.5 kW	—	
25	信息过路	1 553 B 总线	4 路	2 路备份	
26		百兆以太网	4 路	2 路备份	
27	在轨对接、分离次数		≥5 次	—	设计输入
28	锁紧时间要求		≥15 天	—	内部指标

5.4.3　方案论证

在方案论证时，设计师需要结合上述设计输入和工程经验提出多种设计方案，并对方案进行对比、优选，下文按照前述设计思路对轨道快车项目竞标的两种设计方案进行简单介绍，并比较其优缺点。需要说明的是，下文给出的柔性杆式连接分离装置与三爪式连接分离装置方案是作者基于轨道快车项目的公开资料开展的再设计，与轨道快车项目中的复合型连接分离装置的具体参数略有出入。

5.4.3.1　柔性杆式连接分离装置

柔性杆式连接分离装置（简称柔性杆式装置）的组成如图 5 - 16 所示，由主动端和被动端两部分组成，二者分别安装于主动星和被动星上。主动端主要由驱动组件、解锁组件、中心杆组件、丝杠、推杆组件、周边杆组件、导杆、移动支架、力传感器、主动端对接盘、导向组件、丝杠螺母、杆头（中心杆组件）、霍尔开关（中心杆组件）等组成。被动端主要由周边锥孔、锁定/解锁组件、中心锥孔、被动端对接盘等组成。各部组件功能描述如表 5 - 7 所示。

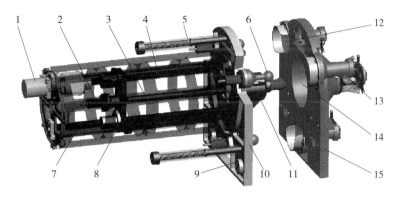

图 5 - 16　柔性杆式连接分离装置组成示意图（见彩插）

1—驱动组件；2—解锁组件；3—中心杆组件；4—丝杠；5—推杆组件；6—周边杆组件；7—导杆；
8—移动支架；9—力传感器；10—主动端对接盘；11—导向组件；12—周边锥孔；13—锁定/解锁组件；
14—中心锥孔；15—被动端对接盘

表 5 - 7　柔性杆式连接分离装置主要部组件功能

产品	部组件	主要功能
主动端	驱动组件	驱动组件是软对接过程执行的动力源
	解锁组件	解锁组件是分离过程中提供解锁触发的动力源
	中心杆组件	中心杆组件为双层结构，由内杆和外杆构成"杆套杆"结构，一端连移动支架、另一端连霍尔开关，实现柔性对接和解锁，同时实现主动端与被动端拉近过程的传力功能
	丝杠和丝杠螺母	丝杠一端连接驱动组件，另一端连接主动端对接盘，丝杠的转动带动丝杠螺母的平动，丝杠与丝杠螺母构成传动副，提供移动支架、柔性杆组件、周边杆组件前进/后退的动力
	推杆组件	安装在主动对接盘上，在对接过程中被压缩，储存弹性势能；解锁后提供主动端与被动端的分离力
	周边杆组件	安装在主动对接盘上，对接时被锁定/解锁组件抱住，二者的组合体承担主动端与被动端之间的拉载荷、弯曲载荷和扭转载荷
	导向组件	导向组件安装在主动端对接盘上，实现对接拉近过程的导向功能，在主动端与被动端分离后，分离组件提供一部分初始分离力
被动端	被动端对接盘	被动端对接盘的主结构提供支撑和连接功能；被动端对接盘上的 3 个周边锥孔和 1 个中心锥孔可以实现对接过程中主动端中心杆组件、周边杆组件的导向功能
	锁定/解锁组件	在对接/分离过程中，完成中心杆组件、周边杆组件的锁定/解锁，建立主动端与被动端的刚性连接

　　柔性杆式连接分离装置中的中心杆组件是柔性杆，中心杆能够完成初始对接时两个航天器俯仰/偏航方向的位姿偏差纠正，即径向的位姿偏差纠正。中心杆组件实现软对接后，3 个周边杆组件用于初始对接时两个航天器之间滚转的位姿偏差纠正，并提供两个航天器连接后的锁定功能。中心杆组件由电机驱动，在外伸和回缩时具有限位控制，外伸到位后由霍尔开关提供反馈信号。中心杆组件和周边杆组件采用电磁作动方式实现解锁[22-25]。

　　在主动星与被动星交会的末段，柔性杆式连接分离装置将克服位姿偏差，分 3 步建立两个航天器间的连接，对接过程示意图如图 5 - 17 所示。分离过程比较简单，靠主动端推杆组件的弹簧储能提供分离动力。

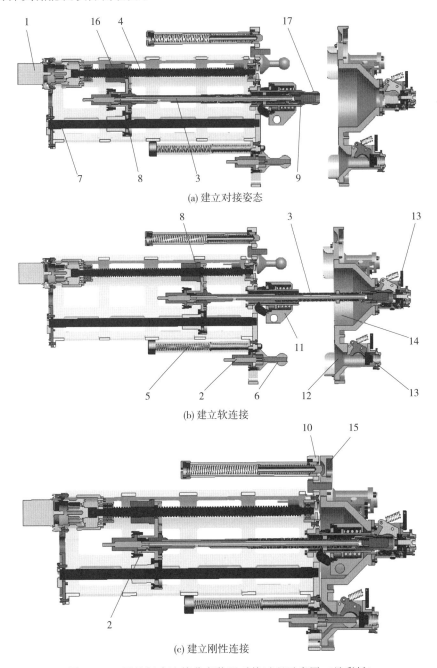

(a) 建立对接姿态

(b) 建立软连接

(c) 建立刚性连接

图 5-17　柔性杆式连接分离装置对接过程示意图（见彩插）

1—驱动组件；2—解锁组件；3—中心杆组件；4—丝杠；5—推杆组件；6—周边杆组件；7—导杆；

8—移动支架；9—霍尔开关（中心杆组件）；10—主动端对接盘；11—导向组件；12—周边锥孔；

13—锁定/解锁组件；14—中心锥孔；15—被动端对接盘；16—丝杠螺母；17—杆头（中心杆组件）

（1）建立对接姿态

在准备软连接前，由两航天器保障主动端与被动端对接姿态。

（2）建立软连接

主动端中心杆组件在初始状态下收拢于主动端内部，捕获开始时，在驱动组件驱动下丝杠转动，带动移动支架在主体结构内沿导杆平动，中心杆逐渐伸出，当中心杆头部接触到被动端的中心锥孔后，在锥面的引导作用下，中心杆组件滑入锁定/解锁组件的中心孔中，锁定/解锁组件抱住中心杆的杆头，完成软对接，中心杆组件前端的霍尔开关给出锁定信号。

（3）建立刚性连接

控制器接到锁定信号后，下达回缩命令，驱动组件带动丝杠反转，使移动支架在主体结构内反向滑动，中心杆组件回缩，主动端与被动端逐渐接近。通过被动端的 3 个周边锥孔的导向作用，调整主动端与被动端的相对位姿偏差，3 个周边杆组件的杆头进入被动端对应的3 个锥孔内，进而被 3 个对应的锁定/解锁组件锁定。在中心杆回缩的末段，通过主动端上预先设置的导向组件实现精确对准并施加预紧力，力传感器实时判读主动端与被动端的压紧力，当力值满足要求后，驱动组件停止工作，主动端与被动端完成刚性连接。在完成刚性连接的同时，分布在主动端与被动端的电连接器的插头与插座插合，插合力由主动端驱动组件提供。

（4）分离过程

接到分离信号后，主动端解锁组件工作，触发主动端的 1 个中心杆和 3 个周边杆与被动端对应的解锁/锁定组件的解锁模式。在主动端推杆组件弹簧分离力作用下，插头与插座脱开，主动端与被动端分离，主动星与被动星分离。

5.4.3.2　三爪式连接分离装置

三爪式连接分离装置同样由主动端和被动端组成。

主动端主要由上盖组件、圆弧齿条、EVA 组件、插头（电连接器）、推杆组件、手爪、导向销、丝杠组件、导向滚轮组件、移动平台、驱动组件、蜗轮蜗杆组件、筒体组件组成，如图 5 - 18 所示。

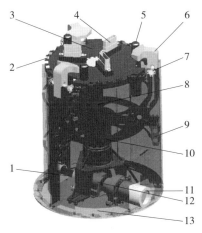

图 5 - 18　三爪式连接分离装置主动端组成示意图（见彩插）

1—上盖组件；2—圆弧齿条；3—EVA 组件；4—插头（电连接器）；5—推杆组件；6—手爪；7—导向销；
8—丝杠组件；9—导向滚轮组件；10—移动平台；11—驱动组件；12—蜗轮蜗杆组件；13—筒体组件

被动端主要由防护盖组件、圆弧齿条、碟簧组件、三瓣式壳体、靶标组件组成，如图 5-19 所示。

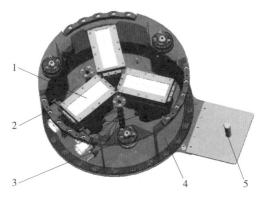

图 5-19　三爪式连接分离装置被动端组成示意图（见彩插）

1—防护盖组件；2—圆弧齿条；3—碟簧组件；4—三瓣式壳体；5—靶标组件

三爪式连接分离装置主要部组件功能如表 5-8 所示。

表 5-8　三爪式连接分离装置主要部组件功能

产品	部组件	功能
主动端	上盖组件	提供 3 个推杆组件、3 个圆弧齿条组件、电连接器、2 组展开到位开关、2 组收拢到位开关以及电缆和绑线柱等组件的安装和固定
	EVA 接口组件	与蜗轮蜗杆组件的蜗杆相连，将蜗轮蜗杆组件的驱动端延伸到主动端壳体外侧，满足人机工效学要求，方便航天员操作
	推杆组件	在对接过程中被压缩，储存弹性势能；解锁后提供主动端与被动端的分离力
	丝杠组件	丝杠与丝杠螺母构成传动副，丝杠的转动带动丝杠螺母的平动，提供手爪张开/收拢的动力
	导向滚轮组件	安装在移动平台上，与主动端筒体结构的凹槽形成配合，限制移动平台的转动
	移动平台	与丝杠组件的丝杠螺母固定连接，可在丝杠上滑动，为手爪和导向滚轮组件提供安装接口
	驱动组件	提供主动端工作的动力源
	蜗轮蜗杆组件	主要由蜗轮、蜗杆及保证蜗轮蜗杆装配关系的轴承、壳体等构成，将驱动组件的动力源转向、放大、传递到丝杠组件上，并实现传动机构的自锁
	筒体组件	将上盖组件连接为一个整体并承载相应载荷；提供蜗轮蜗杆组件、驱动组件的安装接口，以及通过丝杠组件将驱动力矩传递给移动平台
被动端	三瓣式壳体结构	提供安装接口、对接接口，承受发射及在轨载荷
	防护盖组件	主要由盖板和扭簧组成，保护浮动电连接器不受外部多余物污染及侵蚀
	视觉靶标	为机械臂视觉提供辅助目标

为了获得较大的捕获容差，主动端中的手爪采用轮槽式构型，在完成展开及收拢两个动作时使用位置开关进行位置检测及反馈。手爪的收拢和展开是通过移动平台的平动及手爪的轮槽机构约束来实现的。主动端的这种结构形式既有利于提高整个系统的连接刚度，又能保证整个装置结构紧凑，外形尺寸较小。

三爪式连接分离装置的工作过程示意图如图 5 - 20 所示，捕获过程中主动端手爪进入被动端的 V 型槽，手爪轮廓与 V 型槽轮廓相吻合，完成第一步位姿纠偏。安装在主动端顶盖上的推杆组件进入被动端销孔之中，完成电连接器插合前的定位，消除二者之间的姿态偏差，随后主动端和被动端对接面上的 3 对圆弧齿条啮合，完成最终的精确定位，并实现锁紧。分离过程是捕获过程的逆过程。

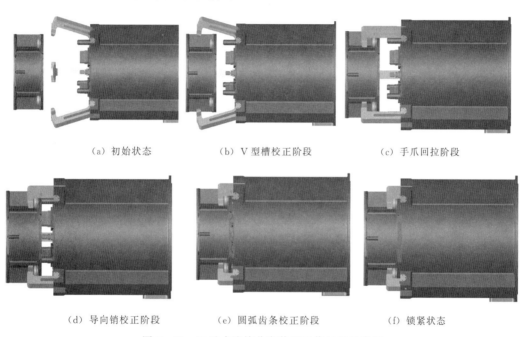

(a) 初始状态   (b) V 型槽校正阶段   (c) 手爪回拉阶段

(d) 导向销校正阶段   (e) 圆弧齿条校正阶段   (f) 锁紧状态

图 5 - 20 三爪式连接分离装置工作过程示意图

5.4.3.3 方案比较

三爪式连接分离装置和柔性杆式连接分离装置的优劣势以及应用情况如表 5 - 9 所示。

表 5 - 9 方案对比

名称	机构形式	适用场合	优势	劣势	验证情况
三爪式连接分离装置	1 套丝杠螺母带动 3 套平行四边形机构实现机构的展开、捕获、拖动校正以及锁紧	在轨大型舱段级对接任务，可以提供较大连接力	捕获过程中弱撞击；径向及轴向容差大，纠偏能力强；只需要一套驱动装置，可扩展性良好	达到相同容差指标所需包络体积大	完成了地面鉴定试验并通过在轨演示验证

续表

名称	机构形式	适用场合	优势	劣势	验证情况
柔性杆式连接分离装置	1套丝杠螺母驱动1根中心柔性杆实现软对接、锁定、捕获拖动，由周边3套均布的周边杆实现锁定和承载	在轨大型舱段级对接任务，可以适应较大的对接容差	捕获过程中弱撞击；布局紧凑、占用空间较小；结构简单，对接可靠性高；可扩展性良好	不能通过单套动力源同时实现捕获与分离功能	完成了地面鉴定试验并经历抛物线飞行试验

5.4.4　方案设计

本节以三爪式连接分离装置为例说明其方案设计过程。由于三爪式装置方案设计涉及的内容较多，本节仅对构型设计、容差设计及预紧力计算三部分进行说明。

5.4.4.1　构型设计

要完成轨道快车项目中复合型连接分离装置的任务，三爪式连接分离装置的具体构型可以有多种。本书列举两种：四连杆式构型和轮槽式构型，分别如图 5 - 21、图 5 - 22 所示。前者是美国密歇根公司研制的三爪式装置所采用的构型[19-20]，后者是作者根据设计输入补充提出的一种对比构型。四连杆式构型的运动靠根部扭簧和滚轮实现，构成较为复杂，圆周包络略大；而轮槽式构型手爪的张开依靠轮槽约束实现，构成简单，圆周包络小，节约空间。由于轮槽式构型更优，圆周包络更小，所以本书以轮槽式构型作为设计实例。轮槽式构型的机构简图如图 5 - 23 所示，其传力路径依次为主动端壳体、丝杠、3 个手爪、三瓣式壳体。装置的传力路径短，易于满足载荷条件，且对上级系统和其他产品的反约束小。

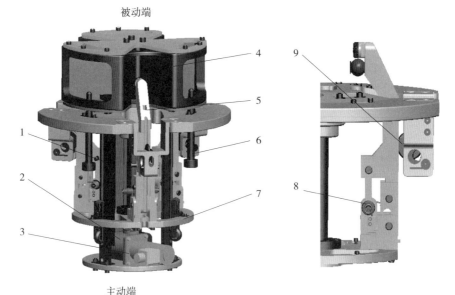

图 5 - 21　四连杆式构型

1—滚珠丝杠；2—蜗轮蜗杆；3—电机；4—三瓣式壳体；5—手爪；6—推杆组件；7—运动基座；

8—扭簧；9—导轮

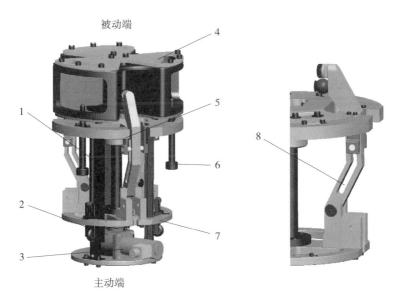

被动端

主动端

图 5 - 22　轮槽式构型

1—滚珠丝杠；2—蜗轮蜗杆；3—电机；4—三瓣式壳体；5—手爪；6—推杆组件；

7—运动基座；8—轮槽

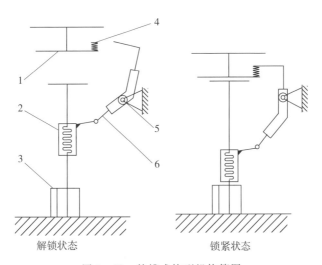

解锁状态　　　　　　　　　　锁紧状态

图 5 - 23　轮槽式构型机构简图

1—被动端；2—丝杠组件；3—驱动组件；4—碟簧组件；5—导向槽轮；6—手爪

　　轮槽式构型的三爪式装置采用 1 套驱动组件驱动 1 根丝杠带动 3 个带有凸轮槽的手爪实现捕获、拖动和锁紧功能，单个手爪的运动轨迹为 "D" 字型，驱动组件选择蜗轮蜗杆机构，并依靠蜗轮蜗杆的自锁特性实现整机断电后的机构锁定，通过被动端上的弹性组件实现预紧力的均匀加载和保持。

5.4.4.2　容差设计

　　在初步确定构型方案后，可以对装置建立动力学仿真模型，在模型中给定机构各运动部件的尺寸和相对运动关系，根据容差要求设定主动端、被动端的位姿，对装置进行运动学和动力学仿真。

图 5-24 为手爪运动简图，图 5-24（a）为手爪起始位置（收拢位置）示意图，图 5-24（b）为手爪完全展开后的位置示意图。

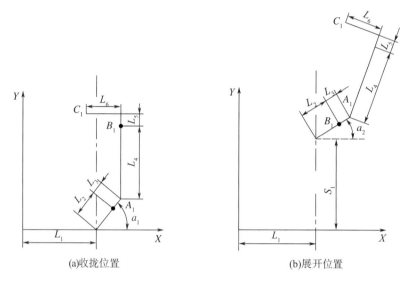

(a)收拢位置　　　　　　(b)展开位置

图 5-24　手爪运动简图

图中符号的意义分别是：

A_1——滑槽过渡位置，坐标为（x_a，y_a）；

B_1——滚子中心位置，坐标为（x_b，y_b）；

C_1——手爪末端位置，坐标为（x_c，y_c）；

L_1——手爪转动点到丝杠中心轴的距离；

L_2——手爪转动点到第一个滑槽位置点的距离；

L_3——第一个滑槽位置点到滑槽过渡位置点 A_1 的距离；

L_4——滑槽过渡位置点 A_1 到第二个滑槽位置点的距离；

L_5——第二个滑槽位置点到手爪转折点的距离；

L_6——手爪转折点到手爪末端位置 C_1 的距离；

a_1——手爪起始位置与 x 轴的夹角；

a_2——手爪完全展开位置与 x 轴的夹角；

S_1——手爪沿滑槽从下位（收拢位置）运动到上位（展开位置）时，丝杠组件移动的距离。

通过仿真和优化使构型布局和尺寸参数满足容差要求。另外对各尺寸参数在对接过程中的灵敏度影响进行了分析，发现角度 a_1 对径向移动距离与包络面半径的影响最大，即手爪起始位置与 x 轴的夹角对容差设计影响最大。在对机构进行具体设计时，应关注这些对性能影响显著的尺寸参数。

5.4.4.3　预紧力分析

根据主动端发射载荷、被动端发射载荷以及主动端和被动端对接冲击载荷可以得出主动端与安装面、被动端与安装面、主动端和被动端对接面三个界面载荷,其中对接面的界面载荷的计算结果如表 5-10 所示。

表 5-10　对接面的界面载荷计算结果

轴向载荷 F_f (分离力)	轴向载荷 F_d (对接冲击)	剪切载荷	扭转载荷	弯矩载荷 M
200 N	2 000 N	100 N	100 N · m	200 N · m

表 5-10 给出了轴向载荷、剪切载荷、扭转和弯矩载荷,根据三爪式连接分离装置的传力特性,如图 5-25 所示,首先计算弯矩载荷的等效轴向载荷。依据式 (5-3),可得每个手爪最大等效轴向载荷 $F_{(max)}$ 为

$$F_{(max)} = F_1 = \frac{Mr_1}{r_1^2 + r_2^2 + r_3^2} \tag{5-6}$$

则总的等效轴向载荷 F_z 为

$$F_z = 3F_{(max)} + F_f + F_d \tag{5-7}$$

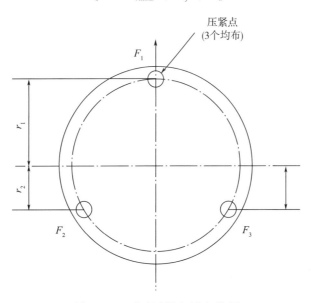

图 5-25　手爪压紧力/力矩简图

即三爪式装置的外载荷 $F_y = F_z$,定义三爪式装置连接件为丝杠和手爪,被连接件为对接界面的主动端和被动端结构。根据载荷-变形曲线 (如图 2-4 所示) 和本书 2.4.2 节的式 (2-3) ~式 (2-7),可推知三爪式装置的预紧力 F_p 应满足

$$F_p \geqslant (1-k)F_y \tag{5-8}$$

在工程研制中,式 (5-8) 中的相对刚度系数 k 可取为 0.2。至此,三爪式装置的预紧力已确定,可将预紧力 F_p 的数值作为装置传力路径中部组件选型与设计校核的依据。

参 考 文 献

［1］ CHRISTIANSEN S，NILSON T. Docking system for autonomous，un‐manned docking operations ［C］. 2008 IEEE Aerospace Conference，2008.

［2］ BARNHART D，HILL L，FOELER E，et a1. A market for satellite cellularization：a first look at the implementation and potential impact of Satlets ［C］. Proceedings of AIAA Space 2013 Conference and Exposition，2013.

［3］ SEARLE I. Space station common berthing mechanism，a multi‐body simulation application ［C］. Proceedings of the Fifth NASA （NSF） DOD Workshop on Aerospace Computational Control，1993.

［4］ DE VRIENDT K，DITTMER H，VRANCKEN D，et al. Evolution of the IBDM structural latch development into a generic simplified design ［C］. Proceedings of the 40th Aerospace Mechanisms Symposium，2010.

［5］ 朱仁璋，王鸿芳，徐宇杰，等. 从 ETS‐Ⅶ到 HTV——日本交会对接/停靠技术研究 ［J］. 航大器工程. 2011，20（4）.

［6］ BERNCL BISCHOF，JUERGEN STARKE，HANSJUERGEN GUENTHER，et al. System for capturing and recovering free‐flying objects in space ［P］. America patent：US，20050103939A1.

［7］ 白绍竣. 包带连接建模与力学特性研究 ［D］. 哈尔滨：哈尔滨工业大学，2010.

［8］ 张晓天，何宁泊，王睿青，等. 一种模块化微小型卫星对接机构建模仿真 ［J］. 宇航学报，2018，29（4）.

［9］ 周建平. 空间交会对接技术 ［M］. 北京：国防工业出版社，2013.

［10］ 陈烈民. 航天器结构与机构 ［M］. 北京：中国科学技术出版社，2005.

［11］ 张崇峰，陈宝东，郑云青，等. 航天器对接机构 ［M］. 北京：科学出版社，2015.

［12］ 娄汉文，曲广吉，刘继生. 空间对接机构 ［M］. 北京：航空工业出版社，1992.

［13］ 朱仁璋，王鸿芳，徐宇杰，等. 美国航天器交会技术研究 ［J］. 航天器工程，2011，20（5）.

［14］ 朱仁璋，王鸿芳，肖清，等. 苏/俄交会对接技术研究 ［J］. 航天器工程，2011，20（6）.

［15］ 娄汉文，张柏楠，刘宇. 空间对接机构的技术发展 ［J］. 航天器工程，1994，3（3）.

［16］ 于伟，杨雷，曲广吉. 空间对接机构动力学仿真分析 ［J］. 动力学与控制学报，2004，2（2）.

［17］ STAMM S，MOTAGHEDI P. Orbital express capture system：concept to reality ［C］. Society of Photo‐Optical Instrumentation Engineers，2004.

［18］ MOTAGHEDI P，STAMM S. 6 DOF testing of the orbital express capture system ［C］. Proceedings of SPIE Vol. 5799，2005.

［19］ RIVERA D E，MOTAGHEDI P. Modeling and simulation of the michigan aerospace autonomous satellite docking system Ⅱ ［C］. Proceedings of SPIE Vol. 5799，2005.

［20］ PAVLICH J C，TCHORYK P，HAYS A B，et al. KC‐135 zero‐G testing of a microsatellite docking mechanism ［C］. Proceedings of SPIE Vol. 5088，2003.

［21］　LIN C S，COLE T R. Dynamic model for global positioning system block ⅢR space vehicle ［J］.
　　　　Journal of Spacecraft and Rockets，1997，34（3）.

［22］　王文龙，满剑锋，杨建中，等 . 一种防误判带信号反馈的柔性对接杆 ［P］. 中国专
　　　　利：ZL201510441609. 7.

［23］　王文龙，满剑锋，杨建中，等 . 一种对接补加一体化装置及对接方法 ［P］. 中国专
　　　　利：ZL201510441610. X.

［24］　王文龙，满剑锋，朱汪，等 . 一种被动触发锁紧装置 ［P］. 中国专利：CN201710399055. 8.

［25］　王文龙，杨哲，史文华，等 . 一种用于空间有效载荷的低冲击可重复锁紧与分离装置 ［P］. 中国
　　　　专利：ZL201710887525. 5.

（a）发射时的收拢状态

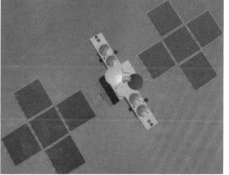

（b）入轨后的展开状态

图 1-1　DFH-5 卫星太阳翼及天线的收拢与展开状态（P3）

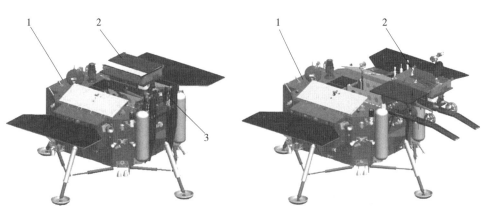

（a）玉兔号巡视器与着陆器连接状态　　（b）玉兔号巡视器与着陆器分离状态

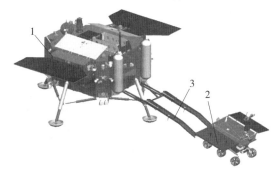

（c）玉兔号巡视器转移至月面的状态

图 1-7　嫦娥三号着陆器与玉兔号巡视器的连接分离状态示意图（P7）

1—着陆器；2—玉兔号巡视器；3—转移机构

图 1-8 嫦娥五号月球探测器基本组成示意图(P7)

1—上升器;2—着陆器;3—返回舱;4—轨道器

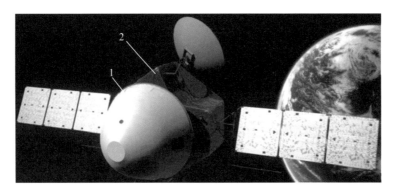

图 1-9 我国火星探测器主要组成示意图(P8)

1—着巡组合体;2—轨道器

图 1-10 着陆器和巡视器的连接解锁(P8)

1—着陆器;2—巡视器;3—着陆缓冲机构;4—坡道

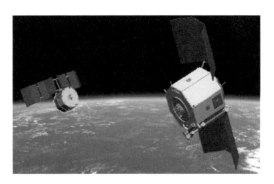

图 1-17 轨道快车捕获机构的应用(P20)

图 5 - 16　柔性杆式连接分离装置组成示意图(P167)

1—驱动组件;2—解锁组件;3—中心杆组件;4—丝杠;5—推杆组件;6—周边杆组件;7—导杆;
8—移动支架;9—力传感器;10—主动端对接盘;11—导向组件;12—周边锥孔;13—锁定/解锁组件;
14—中心锥孔;15—被动端对接盘

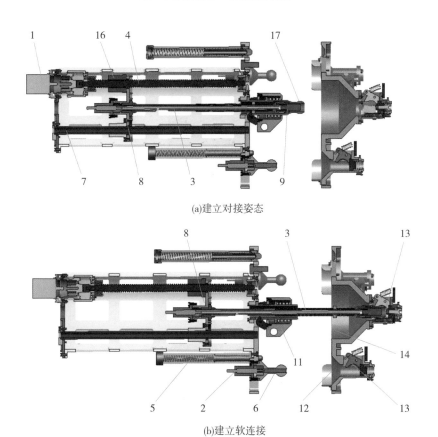

(a)建立对接姿态

(b)建立软连接

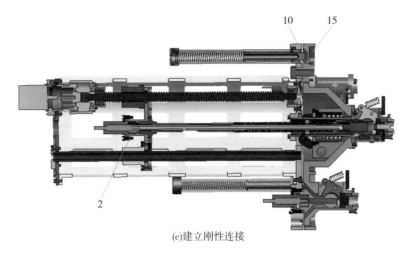

(c)建立刚性连接

图 5-17 柔性杆式连接分离装置对接过程示意图(P168)

1—驱动组件;2—解锁组件;3—中心杆组件;4—丝杠;5—推杆组件;6—周边杆组件;7—导杆;
8—移动支架;9—霍尔开关(中心杆组件);10—主动端对接盘;11—导向组件;12—周边锥孔;
13—锁定/解锁组件;14—中心锥孔;15—被动端对接盘;16—丝杠螺母;17—杆头(中心杆组件)

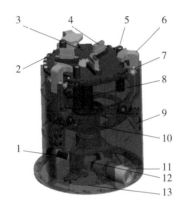

图 5-18 三爪式连接分离装置主动端组成示意图(P169)

1—上盖组件;2—圆弧齿条;3—EVA组件;4—插头(电连接器);5—推杆组件;6—手爪;7—导向销;
8—丝杠组件;9—导向滚轮组件;10—移动平台;11—驱动组件;12—蜗轮蜗杆组件;13—筒体组件

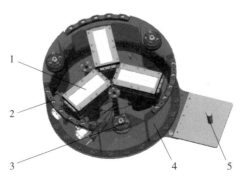

图 5-19 三爪式连接分离装置被动端组成示意图(P170)

1—防护盖组件;2—圆弧齿条;3—碟簧组件;4—三瓣式壳体;5—靶标组件